essentials

Essentials liefern aktuelles Wissen in konzentrierter Form. Die Essenz dessen, worauf es als „State-of-the-Art" in der gegenwärtigen Fachdiskussion oder in der Praxis ankommt. Essentials informieren schnell, unkompliziert und verständlich.

- als Einführung in ein aktuelles Thema aus Ihrem Fachgebiet
- als Einstieg in ein für Sie noch unbekanntes Themenfeld
- als Einblick, um zum Thema mitreden zu können.

Die Bücher in elektronischer und gedruckter Form bringen das Expertenwissen von Springer-Fachautoren kompakt zur Darstellung. Sie sind besonders für die Nutzung als eBook auf Tablet-PCs, eBook-Readern und Smartphones geeignet.

Essentials: Wissensbausteine aus den Wirtschafts, Sozial- und Geisteswissenschaften, aus Technik und Naturwissenschaften sowie aus Medizin, Psychologie und Gesundheitsberufen. Von renommierten Autoren aller Springer-Verlagsmarken.

Hermann Sicius

Chalkogene: Elemente der sechsten Hauptgruppe

Eine Reise durch das Periodensystem

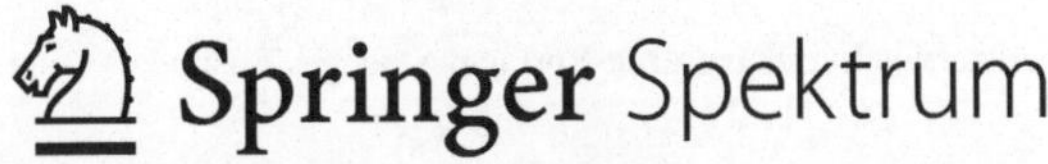

Dr. Hermann Sicius
Dormagen
Deutschland

ISSN 2197-6708   ISSN 2197-6716 (electronic)
essentials
ISBN 978-3-658-10521-1   ISBN 978-3-658-10522-8 (eBook)
DOI 10.1007/978-3-658-10522-8

Die Deutsche Nationalbibliothek verzeichnet diese Publikation in der Deutschen Nationalbibliografie; detaillierte bibliografische Daten sind im Internet über http://dnb.d-nb.de abrufbar.

Springer Spektrum

Gedruckt auf säurefreiem und chlorfrei gebleichtem Papier

Springer Fachmedien Wiesbaden ist Teil der Fachverlagsgruppe Springer Science+Business Media
(www.springer.com)

Was Sie in diesem Essential finden können

- Eine umfassende Beschreibung von Herstellung, Eigenschaften und Verbindungen der Chalkogene
- Aktuelle und zukünftige Anwendungen der Chalkogene
- Ausführliche Charakterisierung der einzelnen Elemente

Inhaltsverzeichnis

Einleitung 1

Willkommen bei den Chalkogenen (Erzbildnern), dieser sich in so vielen Facetten präsentierenden Elementengruppe! Im Periodensystem stehen die ihr zugehörigen Elemente in der sechsten Hauptgruppe. Die Atome der Chalkogene nehmen entweder zwei Elektronen auf (wie Sauerstoff) oder geben bis zu sechs ab (wie Schwefel), um eine stabile Elektronenkonfiguration einnehmen zu können.

Schwefel ist seit einigen tausend Jahren schon bekannt, Sauerstoff, Selen und Tellur seit etwa 200 Jahren, Polonium seit gut 100 und Livermorium auch schon 15 Jahre. Eine ziemlich „alte" Elementenfamilie also? Mitnichten. Die Chemie dieser Stoffe ist so vielseitig, an Anwendungen gibt es dermaßen viele, dass hierüber mühelos mehrere große Bücher geschrieben werden könnten. Sauerstoff ist bei Raumtemperatur ein Gas, die anderen Elemente sind unter diesen Bedingungen alle Feststoffe. Sauerstoff und Schwefel sind reine Nichtmetalle, aber schon Selen zeigt stärkeren metallischen als nichtmetallischen Charakter; dieser Effekt verstärkt sich noch bei Tellur. Polonium und Livermorium sind rein metallisch. Sie finden sie alle im untenstehenden Periodensystem in der Gruppe H 6.

Elemente werden eingeteilt in Metalle (z. B. Natrium, Calcium, Eisen, Zink), Halbmetalle wie Arsen, Selen, Tellur sowie Nichtmetalle wie beispielsweise Sauerstoff, Chlor, Jod oder Neon. Die meisten Elemente können sich untereinander verbinden und bilden chemische Verbindungen; so wird z. B. aus Natrium und Chlor die chemische Verbindung Natriumchlorid, also Kochsalz).

Einschließlich der natürlich vorkommenden sowie der bis in die jüngste Zeit hinein künstlich erzeugten Elemente nimmt das aktuelle Periodensystem der Elemente (Abb. 1.1) bis zu 118 Elemente auf, von denen zur Zeit noch vier Positionen nicht mit Namen benannt sind.

© Springer Fachmedien Wiesbaden 2015   1
H. Sicius, *Chalkogene: Elemente der sechsten Hauptgruppe,* essentials,
DOI 10.1007/978-3-658-10522-8_1

H 1	H 2	N 3	N 4	N 5	N 6	N 7	N 8	N 9	N 10	N 1	N 2	H 3	H 4	H 5	H 6	H 7	H 8
1 H																	2 He
3 Li	4 Be											5 B	6 C	7 N	8 O	9 F	10 Ne
11 Na	12 Mg											13 Al	14 Si	15 P	16 S	17 Cl	18 Ar
19 K	20 Ca	21 Sc	22 Ti	23 V	24 Cr	25 Mn	26 Fe	27 Co	28 Ni	29 Cu	30 Zn	31 Ga	32 Ge	33 As	34 Se	35 Br	36 Kr
37 Rb	38 Sr	39 Y	40 Zr	41 Nb	42 Mo	43 Tc	44 Ru	45 Rh	46 Pd	47 Ag	48 Cd	49 In	50 Sn	51 Sb	52 Te	53 I	54 Xe
55 Cs	56 Ba	57 La	72 Hf	73 Ta	74 W	75 Re	76 Os	77 Ir	78 Pt	79 Au	80 Hg	81 Tl	82 Pb	83 Bi	84 Po	85 At	86 Rn
87 Fr	88 Ra	89 Ac	104 Rf	105 Db	106 Sg	107 Bh	108 Hs	109 Mt	110 Ds	111 Rg	112 Cn	113 Uut	114 Fl	115 Uup	116 Lv	117 Uus	118 Uuo

Ln >	58 Ce	59 Pr	60 Nd	61 Pm	62 Sm	63 Eu	64 Gd	65 Tb	66 Dy	67 Ho	68 Er	69 Tm	70 Yb	71 Lu
An >	90 Th	91 Pa	92 U	93 Np	94 Pu	95 Am	96 Cm	97 Bk	98 Cf	99 Es	100 Fm	101 Md	102 No	103 Lr

Radioaktive Elemente *Halbmetalle*

H: Hauptgruppen N: Nebengruppen

Abb. 1.1 Periodensystem der Elemente

Die Einzeldarstellungen der insgesamt sechs Vertreter der Gruppe der Chalkogene enthalten dabei alle wichtigen Informationen über das jeweilige Element, so dass ich hier nur eine kurze Einleitung vorangestellt habe.

Sauerstoff ist das häufigste Element in der Erdhülle und ist in der Luft zu gut einem Fünftel des Gesamtvolumens enthalten. Sauerstoff, aber vor allem Schwefel, Selen und Tellur kommen in der Natur meist in Form von Erzen und Mineralien vor, wenngleich auch mit sehr unterschiedlicher Häufigkeit. Oxide und Sulfide sind weit verbreitet. Oxide sind beispielsweise Kohlendioxid in der Erdatmosphäre und Quarz (Siliciumdioxid), der den Hauptbestandteil der Erdkruste bildet. Zu den Sulfiden gehören u. a. die Mineralien Bleiglanz, Zinnober, Pyrit, Zinksulfid und Kupferkies. Wesentlich seltener kommen Selenide und Telluride vor. Darüber hinaus gibt es viele weitere Verbindungen wie z. B. Sulfite, Sulfate und Selenate.

Sauerstoff, Schwefel, Selen und Tellur kommen auch in elementarer Form vor.

© Springer Fachmedien Wiesbaden 2015

H. Sicius, *Chalkogene: Elemente der sechsten Hauptgruppe*, essentials,

DOI 10.1007/978-3-658-10522-8_2

Gasförmiger Sauerstoff wird durch fraktionierte Destillation flüssiger Luft gewonnen. Auch für die Herstellung des Schwefels sind die Lagerstätten des Elements die wichtigste Quelle. Selen und Tellur sind Bestandteil des Anodenschlamms der Produktion hochreinen Nickels und Kupfers und können durch dessen Aufarbeitung gewonnen werden. Polonium ist in winzigsten Spuren in Pechblende enthalten; man gewinnt es bevorzugt aber in Kernreaktoren durch Beschuss von Wismutatomen mit Neutronen.

© Springer Fachmedien Wiesbaden 2015
H. Sicius, *Chalkogene: Elemente der sechsten Hauptgruppe*, essentials,
DOI 10.1007/978-3-658-10522-8_3

Eigenschaften

4

4.1 Physikalische Eigenschaften

Wie bereits erwähnt, sind Sauerstoff und Schwefel reine Nichtmetalle, Selen und Tellur Halbmetalle und Polonium sowie Livermorium Metalle. Die physikalischen Eigenschaften sind nach steigender Atommasse abgestuft. So nehmen vom Sauerstoff zum Tellur die Dichte, Schmelz- und Siedepunkte zu. Ab Polonium nehmen die Schmelzpunkte wieder ab; dies dürfte wesentlich auf die sehr starke radioaktive Strahlung zurückzuführen sein, die die Stabilität des Kristallgitters stark verringert.

Generell weicht bei den Chalkogenen, wie auch bei allen anderen Hauptgruppen, das Kopfelement (hier: Sauerstoff) in seinen Eigenschaften deutlich von allen anderen ab. Schwefel als zweites Element dieser Gruppe steht den höheren Homologen, Selen und Tellur, wesentlich näher als Sauerstoff; auch seine Verbindungen (z. B. Wasserstoffverbindungen, Oxosäuren) sind denen des Selens und Tellurs so ähnlich, dass man hier von einer homologen Reihe sprechen kann.

4.2 Chemische Eigenschaften

Chalkogene reagieren mit Metallen meist heftig zu Oxiden, Sulfiden usw., mit Wasserstoff zu Chalkogenwasserstoffen (H_2X: Wasser, Schwefelwasserstoff, Selenwasserstoff usw.). Sie gehen auch untereinander Verbindungen wie Schwefeloxide oder Selensulfid ein. Chalkogenoxide bilden, zusammengebracht mit Wasser, Säuren: z. B. Schweflige Säure und Selenige Säure (Summenformel H_2XO_3) aus den Dioxiden und Schwefelsäure, Selensäure usw. (Summenformel H_2XO_4) aus den Trioxiden.

© Springer Fachmedien Wiesbaden 2015

H. Sicius, *Chalkogene: Elemente der sechsten Hauptgruppe*, essentials,

DOI 10.1007/978-3-658-10522-8_4

Einzeldarstellungen

Im folgenden Teil sind die Chalkogene jeweils einzeln mit ihren wichtigen Eigenschaften, Herstellungsverfahren und Anwendungen beschrieben.

5.1 Sauerstoff

Symbol:	O		
Ordnungszahl:	8		
CAS-Nr.:	7782-44-7		
Aussehen:	Farbloses Gas	Flüssiger Sauerstoff (Hillier 2006)	Sauerstoff in Gasentladungs-röhre (pse-mendelejew 2006)
Entdecker, Jahr	Scheele (Schweden), 1771		
	Priestley (England), 1774		
Wichtige Isotope [natürliches Vorkommen (%)]	Halbwertszeit (a)	Zerfallsart, -produkt	
$^{16}_{8}O$ (99,76)	Stabil	----	
$^{17}_{8}O$ (0,04)	Stabil	----	
$^{18}_{8}O$ (0,2)	Stabil	----	

© Springer Fachmedien Wiesbaden 2015
H. Sicius, *Chalkogene: Elemente der sechsten Hauptgruppe,* essentials,
DOI 10.1007/978-3-658-10522-8_5

Massenanteil in der Erdhülle (ppm):	494.000 (49,4 %!)
Atommasse (u):	15,999
Elektronegativität (Pauling ♦ Allred&Rochow ♦ Mulliken)	3,44 ♦ K. A. ♦ K. A.
Normalpotential für: $O_2 + 4\,e^- > 2\,O^{2-}$ (V)	+1,23
Atomradius (pm):	60
Van der Waals-Radius (berechnet, pm):	152
Kovalenter Radius (pm):	66
Elektronenkonfiguration:	[He] $2s^2\,2p^4$
Ionisierungsenergie (kJ/mol), erste ♦ zweite ♦ dritte:	1314 ♦ 3388 ♦ 5300
Magnetische Volumensuszeptibilität:	$1,9 * 10^{-6}$
Magnetismus:	Paramagnetisch
Kristallsystem:	$< -249,3\,°C$ monoklin, $-249,3$ $- -229,35\,°C$: rhomboedrisch $-229,35 - -218,75$ kubisch
Dichte (kg/m³, bei 273,15 K)	1,429
Molares Volumen (m³/mol, im festen Zustand):	$17,36 \cdot 10^{-6}$
Wärmeleitfähigkeit [W/(m*K)]:	0,0266
Spezifische Wärme [J/(mol*K)]:	29,38
Schmelzpunkt (°C ♦ K):	$-218,3$ ♦ 54,8
Schmelzwärme (kJ/mol):	0,222
Siedepunkt (°C ♦ K):	-183 ♦ 90,15
Verdampfungswärme (kJ/mol):	5,58
Tripelpunkt (°C ■ kPa):	$-218,79$ ■ 0,1463
Kritischer Punkt (°C ■ MPa):	$-118,57$ ■ 5,043

Vorkommen Sauerstoff (O_2) ist das häufigste Element auf der Erde und kommt in der Atmosphäre, der Lithosphäre, der Hydrosphäre und der Biosphäre vor (Allègre et al. 2001). Er besitzt einen außergewöhnlich hohen Massenanteil von 50,5 % (!) an der Erdhülle. In der Luft ist elementarer Sauerstoff mit einem Massenanteil von 23,2 % enthalten, am gesamten Wasser der Erde mit durchschnittlich 89 % in gebundener und gelöster Form (Holleman et al. 2007).

Nahezu alle Minerale und damit Gesteine enthalten Sauerstoff, beispielsweise Silikate wie Feldspäte, Glimmer und Olivine, Carbonate wie Kalkstein (Calciumcarbonat) sowie Oxide [Siliciumdioxid (Quarz)]. Die Menge des in der Luft enthaltenen elementaren Sauerstoffs bleibt ungefähr konstant, da Sauerstoff produzierende Pflanzen diejenige Menge Sauerstoff nachliefern, die durch aerob atmende Lebewesen und andere Verbrennungsprozesse verbraucht wird. Das Allotrop Ozon (O_3) ist in der Atmosphäre nur in sehr geringer Konzentration vorhanden, jedoch in der Stratosphäre von entscheidender Bedeutung für die Abschirmung des von der Sonne ausgesandten UV-Lichtes.

Im Weltall ist Sauerstoff nach Wasserstoff und Helium ebenfalls sehr häufig vertreten und immerhin das dritthäufigste Element (Davies 2003).

Gewinnung Man gewinnt Sauerstoff fast ausschließlich durch fraktionierte Destillation flüssiger Luft nach dem Linde-Verfahren, das später durch Claude verbessert wurde. Zudem fallen kleinere Mengen als Nebenprodukt bei der Herstellung von Wasserstoff im Zuge der Elektrolyse von Wasser an.

Man verdichtet Luft auf einen Druck von 5–6 bar, kühlt sie ab und leitet sie durch Filter, die Kohlendioxid, Spuren von Wasser und andere Gase entfernen. Die verdichtete Luft wird durch vorbeiströmende Gase aus dem Prozess auf eine Temperatur nahe ihrem Siedepunkt abgekühlt. Danach wird sie in Turbinen expandiert. Dabei kann man ein Teil der zur Kompression eingesetzten Energie wieder zurückgewinnen. Dadurch wird das Verfahren – im Gegensatz zum Linde-Verfahren, bei dem keine Energie zurückgewonnen wird – deutlich wirtschaftlicher.

Die beiden Hauptbestandteile der Luft, Stickstoff (78 Vol.-%) und Sauerstoff (21 Vol.-%) trennt man in zwei unter verschiedenem Druck stehenden Destillationskolonnen. In der ersten, der mit einem Druck von 5–6 bar gefahrenen Mitteldruckkolonne, sammelt sich der tiefer siedende Stickstoff ($-196\,°C$) am Kopf, der höher siedende Sauerstoff ($183\,°C$) am Fuß der Kolonne. Die sich im unteren Teil der Kolonne sammelnde, mit Sauerstoff angereicherte flüssige Luft durchläuft dann eine weitere fraktionierte Destillation in der mit einem Druck von 0,5 bar betriebenen Niederdruckkolonne (Greenwood und Earnshaw 1988, S. 775–839). Der leichter flüchtige Stickstoff entweicht zuerst. Relativ konzentrierter flüssiger Sauerstoff bleibt zurück, der noch die höher siedenden Edelgase Krypton und Xenon enthält. Jene trennt man in einer zusätzlichen Kolonne ab.

Zur Gewinnung kleinerer Mengen an Sauerstoff für medizinische Anwendungen leitet man Luft durch Molekularsiebe, die Stickstoff und Kohlendioxid absorbieren, Sauerstoff und Argon aber durchlassen.

Eigenschaften Molekularer Sauerstoff (O_2) ist ein farb-, geruch- und geschmackloses Gas, das bei einer Temperatur von $-183\,°C$ zu einer bläulichen Flüssigkeit kondensiert. Jene erstarrt unterhalb einer Temperatur von $-218{,}75\,°C$ zu blauen Kristallen (Holleman et al. 2007). Im Feststoff liegen paramagnetische, diradikalische O_2-Moleküle mit einem O–O-Abstand von 121 pm (Doppelbindung) vor, die in Abhängigkeit von der Temperatur in mehreren Modifikationen auftreten. Im Temperaturbereich zwischen $-218{,}75$ und $-229{,}35\,°C$ kristallisiert Sauerstoff kubisch (γ-Modifikation), zwischen $-229{,}35$ und $-249{,}26\,°C$ rhomboedrisch (β-Sauerstoff) und unterhalb einer Temperatur von $-249{,}26\,°C$ monoklin (α-Sauerstoff) (Holleman et al. 2007).

Sauerstoff ist in reinem Wasser nur wenig löslich (bei $0\,°C$ ca. 14 mg/L unter seinem Partialdruck aus der Luft). In einer Gasentladungsröhre (Druck: 5–10 mbar,

Spannung: 1,8 kV, Stromstärke: 18 mA, Frequenz: 35 kHz) leuchtet Sauerstoff blau.

Das Sauerstoffmolekül in seinem Grundzustand zeigt die Spins der beiden Valenzelektronen parallel, also gleichsinnig, angeordnet. Dieser Triplett-Sauerstoff (Termsymbol $3\Sigma g$) stellt den energieärmsten Zustand dar. Die beiden π^*-Orbitale sind nur halb mit jeweils einem ungepaarten Elektron besetzt, was den diradikalischen Charakter und den Paramagnetismus des Sauerstoff-Moleküls bedingt.

In den zwei angeregten Zuständen des Sauerstoffs sind die Spins der Elektronen antiparallel, also gegensinnig, ausgerichtet (Singulett-Sauerstoff), die sich hinsichtlich der Anordnung der beiden ungepaarten Elektronen unterscheiden [beide Elektronen in einem π^*-Orbital (Termsymbol: $1\Delta g$) oder in beiden π^*-Orbitalen (Termsymbol: $1\Sigma g$)]. Letzterer ist energiereicher und diamagnetisch; er wandelt sich schnell in den $1\Delta g$-Zustand um. Dieser weist wegen seines Bahnmomentes einen Paramagnetismus auf, der dem des Triplett-Sauerstoffs vergleichbar ist (Hasegawa 2008; Shinkarenko und Aleskovskiji 1981; Lechtken 1974).

Singulett-Sauerstoff kann man photochemisch aus Triplett-Sauerstoff erzeugen sowie aus chemischem Weg aus anderen Sauerstoffverbindungen. Der Einsatz von Licht scheidet aber wegen nicht erfüllter quantenmechanischer Auswahlregeln aus, nur durch simultane Bestrahlung mit Photonen und Kollision zweier Sauerstoffmoleküle wird Singulett-Sauerstoff gebildet. Dieser noch am ehesten in der flüssigen Phase ablaufenden Vorgang führt zur blauen Farbe des flüssigen Sauerstoffs. Chemisch kann man den stark oxidierend wirkenden Singulett-Sauerstoff aus Peroxiden gewinnen. Im Gegensatz zu normalem Sauerstoff reagiert er mit 1,3-Dienen in einer [4 + 2]-Cycloaddition zu Peroxiden.

Verbindungen Sauerstoff reagiert mit fast allen Elementen, außer mit Helium, Neon und Argon. Sauerstoff ist stark elektronegativ und tritt daher fast immer mit der Oxidationszahl -2 auf, mit Ausnahme von Peroxiden, in denen er mit der Oxidationsstufe -1 erscheint. Nur in seinen Verbindungen mit Fluor hat Sauerstoff positive Oxidationszahlen ($+1$ im Disauerstoffdifluorid O_2F_2) und $+2$ im Sauerstoffdifluorid OF_2). Die ionischen Formen des Sauerstoffs sind Peroxid- (O_2^{2-}), Hyperoxid- (O_2^-), Ozonidanion (O_3^-, und das Dioxygenylkation (O_2^+).

Die meisten Sauerstoffverbindungen sind ionisch oder kovalent aufgebaute Oxide; in ihnen tritt Sauerstoff in der Oxidationsstufe -2 auf.

Mit Alkali- und Erdalkalimetallen bildet Sauerstoff ionisch aufgebaute und basische Oxide, wie beispielsweise:

$$2\,Ca + O_2 \rightarrow CaO$$

Mit steigender Oxidationsstufe des Metallions reagieren die Oxide zunehmend amphoter (Aluminium-III-oxid, Titan-IV-oxid) und schließlich sauer (Chrom-VI-oxid).

Mit Nichtmetallen bildet Sauerstoff ausschließlich kovalente Oxide. Die mit Wasserstoff gebildeten Sauerstoffverbindungen sind Wasser (H_2O) und Wasserstoffperoxid (H_2O_2); letzteres ist instabil und wird als Oxidations- und Bleichmittel eingesetzt.

Anwendungen Sauerstoff wird für Zwecke der intensivmedizinischen Versorgung in weiß gekennzeichneten Flaschen abgefüllt (Bundesministerium der Justiz 2005). Die Anreicherung des Sauerstoffs im Blut ist mittels der Pulsoxymetrie oder anhand von Blutgasanalysen messbar (Andrews und Nolan 2006). Bei chronischem Sauerstoffmangel im Blut verbessert eine langfristige zusätzliche Verabreichung von Sauerstoff die Lebensqualität und auch die Überlebensdauer (Deutsche Gesellschaft für Pneumologie 1993). Die Verwendung reinen Sauerstoffs kann aber zu Problemen führen, da er das Kohlendioxid aus den Gefäßen verdrängt (Iscoe und Fischer 2005), was eine Erhöhung der Hirnaktivität zur Folge hat. Dies wird durch Zumischung von Kohlendioxid vermieden (Macey et al. 2007).

Bei der Herstellung von Roheisen und Stahl sowie bei der Raffination von Kupfer setzt man Sauerstoff oder mit diesem angereicherte Luft sowohl zum Erreichen hoher Temperaturen als auch zum Verbrennen unerwünschter Beimengungen von Kohlenstoff, Silicium, Mangan und Phosphor ein. In chemischen Prozessen wird Sauerstoff meist zur Oxidation diverser Grundstoffe verwendet, wie z. B. bei der Oxidation von Ethen zu Ethylenoxid, zur Erzeugung von Wasserstoff- und Synthesegas und bei der Produktion von Schwefel- und Salpetersäure. Weitere durch Oxidation mit Sauerstoff hergestellte wichtige Produkte sind Acetylen (Ethin), Acetaldehyd, Essigsäure, Vinylacetat und Chlor. Weitere Einsatzgebiete sind die Herstellung von Ozon, Brennstoffzellen und die Halbleiterindustrie. Flüssiger Sauerstoff dient als Treibstoff für Raketen.

Bei der Reinigung von Abwässern bewirkt zusätzlich in diese eingeleiteter Sauerstoff einen schnelleren Abbau organischer Schadstoffen, bei der Aufbereitung von Trinkwasser bewirkt Einleiten von Ozon (O_3) ebenfalls eine beschleunigte Oxidation organischer Stoffe und auch von Bakterien.

Sauerstoff ist ein Lebensmittelzusatzstoff (E 948) und wird auch als Treib- und Packgas verwendet.

Biologische Bedeutung Sauerstoff wird in der Natur im Wesentlichen durch Photosynthese erzeugt. Die meisten aeroben Organismen (Säugetiere einschließlich des Menschen, die meisten Fische, Wirbellose, Pflanzen und viele Bakterien) benötigen den auf diese Weise erzeugten Sauerstoff zum Leben. Bei der Atmung wird der Sauerstoff in der Atmungskette wieder zu Wasser und Kohlendioxid umgewandelt. Sauerstoff und einige seiner gelegentlich auch radikalischen Verbindungen sind sehr reaktionsfähig und können Zellmaterial angreifen. Daher besitzen viele Organismen schützende Enzyme wie Katalase und Peroxidase; sind diese nicht vorhanden, wirkt Sauerstoff toxisch. Der oxidative Stoffwechsel produziert reaktive freie Radikale, die abgefangen werden müssen, da sie sonst wichtige Funktionsmoleküle im Körper zerstören können.

Atmet der Mensch reinen Sauerstoff oder Luft höheren Sauerstoffgehaltes ein, so können nach einiger Zeit die Lungenbläschen anschwellen (Lorrain-Smith-Effekt), was unter ungünstigen Umständen auch zum Tode führen kann. Werden komprimierte Sauerstoff-Stickstoff-Gemische eingeatmet, besteht das Risiko einer Vergiftung des zentralen Nervensystems (Paul-Bert-Effekt).

5.2 Schwefel

Symbol:	S		
Ordnungszahl:	16		
CAS-Nr.:	7704-34-9		
Aussehen:	Hellgelber Feststoff	Schwefel, Scheibe, 5 cm Ø (Metallium Inc. 2015)	Schwefel, Pulver (Sicius 2015)
Entdecker, Jahr	China, Ägypten (5000 v. Chr.)		
Wichtige Isotope [natürliches Vorkommen (%)]	Halbwertszeit (a)	Zerfallsart, -produkt	
$^{32}_{16}$S (95,02)	Stabil	----	
$^{33}_{16}$S (0,75)	Stabil	----	
$^{34}_{16}$S (4,21)	Stabil	----	
Massenanteil in der Erdhülle (ppm):	480		
Atommasse (u):	32,06		
Elektronegativität (Pauling ♦ Allred&Rochow ♦ Mulliken)	2,58 ♦ K. A. ♦ K. A.		
Normalpotential für: $S + 2\,e^- > S^{2-}$ (V)	−0,48		
Atomradius (pm):	100		
Van der Waals-Radius (berechnet, pm):	180		
Kovalenter Radius (pm):	103		
Elektronenkonfiguration:	[Ne] $3s^2\,3p^4$		

Ionisierungsenergie (kJ/mol), erste ♦ zweite ♦ dritte:	1000 ♦ 2252 ♦ 3357
Magnetische Volumensuszeptibilität:	$-1,3*10^{-5}$
Magnetismus:	Diamagnetisch
Kristallsystem:	Orthorhombisch
Elektrische Leitfähigkeit([A/(V*m)], bei 300 K):	10^{-22}
Elastizitäts- ♦ Kompressions- ♦ Schermodul (GPa):	k. A ♦ 7,7 ♦ k. A.
Vickers-Härte ♦ Brinell-Härte (MPa):	32 ♦ k. A.
Schallgeschwindigkeit (m/s, bei 273,15 K):	Keine Angabe
Dichte (g/cm³, bei 273,15 K)	2,07
Molares Volumen (m³/mol, im festen Zustand):	$15,53 \cdot 10^{-6}$
Wärmeleitfähigkeit ([W/(m*K)]):	0,205
Spezifische Wärme ([J/(mol*K)]):	22,75
Schmelzpunkt (°C ♦ K):	115,21 ♦ 388,36
Schmelzwärme (kJ/mol):	1,713
Siedepunkt (°C ♦ K):	444,6 ♦ 717,75
Verdampfungswärme (kJ/mol):	45
Kritischer Punkt (°C ■ MPa):	1.037 ■ 20,7

Vorkommen Schwefel ist ein gelber, nichtmetallischer Feststoff, der in mehreren allotropen Modifikationen auftritt. Er kommt in der Lithosphäre, Hydrosphäre, Erdatmosphäre und Biosphäre vor, sowohl in Form von Sulfiden (Oxidationszahl -2), in Aminosäuren (Oxidationszahl $-1/-2$), als elementarer Schwefel (Oxidationszahl 0), als Schwefeldioxid in Vulkangasen und der Atmosphäre generell (Oxidationszahl $+4$) und in Form von Sulfaten (Oxidationszahl $+6$) (Schmidt 1973). Sein Massenanteil an der Erdhülle beträgt 0,048 %, Schwefel steht damit an 15. Position in der Rangliste der häufigsten Elemente.

Elementar kommt Schwefel in großen Lagerstätten vor, oft in Gebieten mit starker tektonischer Aktivität, wie beispielsweise im Iran, auf Sizilien, in Mexiko, selbst auf dem Meeresboden des Golfes von Mexiko sowie des Mittelatlantischen und Ostpazifischen Rückens. Man findet ihn darüber hinaus aber auch in vielen anderen Regionen (Polen, südliche US-Bundesstaaten). Er erscheint dann als gelber Schwefel („Schwefelblüte").

Wesentlich häufiger tritt Schwefel in der Lithosphäre in Form von Sulfiden, Oxiden, Sulfaten, Halogeniden etc. auf. Man kennt ca. 1000 schwefelhaltige Minerale; die bekanntesten sind Pyrit und Markasit [FeS_2, Schwefelgehalt ca. 53,5 % (!)].

Für die Gewinnung des Schwefels wichtig sind fossile Brennstoffe wie Erdöl, Erdgas und Kohle. Erdgas kann hohe Konzentrationen an Schwefelwasserstoff (H_2S) aufweisen. In Braunkohle beträgt der Schwefelgehalt bis zu 10 % (Adolphi und Ulrich 2000).

In der Hydrosphäre tritt Schwefel meist in Form des Sulfations auf, das sich vor allem im Meerwasser findet. In Süßwasser kommt Sulfat aus natürlichen Quellen in sehr unterschiedlicher Konzentration vor; es ist ein wesentlicher Bestandteil der Wasserhärte. Manche Alpenquellen enthalten Sulfat in hoher Konzentrationen. Da Sulfat, in größeren Mengen eingenommen, Durchfall verursachen kann, beschränkt die deutsche Trinkwasserverordnung die maximal erlaubte Sulfatkonzentration in Trink- oder Mineralwässern auf 240 mg/L.

Durch Verbrennungsprozesse schwefelhaltiger Brennstoffe sowie durch Vulkanausbrüche kommt Schwefel als Schwefeldioxid (SO_2) in der Troposphäre vor. Die gesamte jährliche Emission an SO_2 beträgt 400 Mio. t (!) (Wellburn 1997). Schwefeldioxid wird leicht durch Pflanzenblätter absorbiert und dem Stoffwechsel zugeführt.

Außerhalb der Erde sind Schwefel oder seine Verbindungen im Sonnensystem nachgewiesen worden. Die Wolken unseres sonnennäheren Nachbarplaneten Venus enthalten große Mengen an Schwefeldioxid und Schwefelsäure; erklärbar bei einer Oberflächentemperatur von ca. 400 °C. Ebenso fanden die Viking-Sonden Eisen- und Magnesiumsulfat auf unserem sonnenferneren Nachbarplaneten Mars, was auf das frühere Vorhandensein von Wasser dort hindeuten könnte. Auf dem einen außergewöhnlich starken Vulkanismus zeigenden Jupitermond Io -dessen mittlere Oberflächentemperatur bei − 140 °C liegt- finden sich zahlreiche heiße Stellen an der Oberfläche; einige davon sind Seen, die aus geschmolzenem Schwefel bestehen. Forschungsergebnisse der NASA lassen vermuten, dass sich auf der Oberfläche des Jupitermondes Europa erhebliche Mengen Sulfate und Schwefelsäure befinden.

Im Weltall wurden mit Hilfe der Radioteleskopie bislang einige Schwefelverbindungen nachgewiesen, wie z. B. Kohlenstoffdisulfid (CS_2), Carbonylsulfid (COS), Schwefelwasserstoff (H_2S), Thioformaldehyd (H_2CS) und Schwefeldioxid (SO_2) (Gottlieb 1978; Sinclair et al. 1973). Astronomen haben die Hoffnung, mittels der Detektion von Schwefeldioxid Vulkanismus auf Planeten außerhalb unseres Sonnensystems nachzuweisen.

Gewinnung Das Ende des 19. Jahrhunderts entwickelte Frasch-Verfahren erlaubt die Ausbeutung unterirdischer Lagerstätten elementaren Schwefels (Schmidt 1973). Die wichtigsten Vorkommen liegen in Kanada, in den Vereinigten Staaten von Amerika, der ehemaligen Sowjetunion und Westasien. Die Volksrepublik China ist der weltweit größte Importeur, Kanada der größte Exporteur, gefolgt von Russland und Saudi-Arabien.

Der geförderte Schwefel wird nahezu ausschließlich zu Schwefelsäure weiterverarbeitet wird. Rösten sulfidischer Erze oder in Form seines Oxids durch Rösten von sulfidischen Erzen. Elementarer Schwefel wird weltweit gewonnen und gehandelt.

Physikalische Eigenschaften Die physikalischen Eigenschaften des Schwefels hängen sehr von der Temperatur ab, da bei gegebener Temperatur eine Reihe allotroper Modifikationen vorliegen können. Wird Schwefel auf über 119 °C erhitzt, bildet sich zunächst eine niedrigviskose Flüssigkeit hellgelber Farbe, in der überwiegend S_8-Ringe vorhanden sind.

Die Dichte von Schwefel beträgt etwa 2,0 g/cm^3 und seine Mohshärte rund 2,0. Meist tritt er in Form hell- bis dunkelgelber Prismen oder Pyramiden auf. Auf einer Strichtafel hinterlässt Schwefel einen weißen Strich. Größere Kristalle sind durchsichtig bis durchscheinend und zeigen einen fettigen Glanz. Pulvrige Aggregate sind jedoch undurchsichtig matt.

Rhombischer Schwefel besteht aus S_8-Ringen (Cyclooctaschwefel); der Nachweis mittels Röntgenstrukturanalyse gelang 1935. Wird Schwefel zunächst erhitzt und dann die Temperatur längere Zeit gehalten, so brechen die S_8-Ringe teilweise auf, wodurch es zu einer Senkung des Schmelzpunktes auf bis zu 114,5 °C kommt. Weiteres Erhitzen über den Schmelzpunkt hinaus führt zu einem drastischen Anstieg der Viskosität infolge Bildung langer, kettenförmiger Moleküle, die ihr Maximum bei 187 °C erreicht. Bei noch höherer Temperatur zerbrechen die langen Kettenmoleküle in kleinere Einheiten, was wiederum mit einer Senkung der Viskosität einhergeht.

Schwefel zeigt bis zu dreißig verschiedene allotrope Formen. Die unter Normalbedingungen thermodynamisch stabilen enthalten alle S_8-Molekülringe (Cyclooctaschwefel), aber es gibt diverse Ring- und Kettenmoleküle mit unterschiedlicher Zahl an Schwefelatomen.

a. Im natürlich vorkommenden Schwefel liegen kronenförmig gezackte S_8-Ringmoleküle (Cyclooctaschwefel) vor. Bei Raumtemperatur am stabilsten ist der orthorhombisch kristallisierende, geruch- und geschmacklose, gelbe α-Schwefel, der auch in der Natur vorkommt.

   Oberhalb einer Temperatur von 95 °C liegt der monoklin kristallisierende, farblose β-Schwefel vor, der durch Erhitzen auf 100 °C und anschließendes schnelles Abkühlen auf 20 °C für einige Zeit stabilisiert werden kann. Der monoklin kristallisierende γ-Schwefel (Rosickýit) kommt natürlich im Death Valley (USA) vor, wo er durch mikrobiologische Reduktion von Sulfat gebildet wird.

b. Die Moleküle des Cyclohexaschwefels (S_6) weisen eine sesselförmige Konformation auf, die unter hoher Ringspannung steht. Er hat eine Dichte von 2,21 g/cm^3, schmilzt bei ca. 100 °C und bildet orangefarbige, rhomboedrische Kristalle. Er wandelt sich innerhalb einiger Tage in Cyclooctaschwefel um und ist u. a. durch Umsetzung einer wässrigen Lösung von Natriumthiosulfat mit Salzsäure zugänglich:

$$6\,Na_2S_2O_3 + 12\,HCl \rightarrow S_6 + 6\,SO_2 + 12\,NaCl + 6\,H_2O$$

c. Cycloheptaschwefel (S_7) entsteht durch Reaktion von Cyclopentadienyl-Titanpentasulfid mit Dischwefeldichlorid:

$$Cp_2TiS_5 + S_2Cl_2 \rightarrow S_7 + Cp_2TiCl_2 \quad Cp:\, \eta_5 - C_5H_5$$

Er kann in Abhängigkeit vom Herstellverfahren in vier unterschiedlichen allotropen Modifikationen auftreten (α-, β-, γ-, δ-Cycloheptaschwefel), die sämtlich temperaturempfindlich sind und bei Temperaturen >20 °C schnell in die thermodynamisch stabile Form übergehen. Länger haltbar sind alle Modifikationen nur dann, wenn sie durch Trockeneis gekühlt (-78 °C) aufbewahrt werden.

d. Moleküle, die mehr Schwefelatome enthalten als Cyclooctaschwefel (S_n mit $n=9$–12, 15, 18, 20) kann man mittels der oben beschriebenen Cyclopentadienyl-Titanpentasulfid-Methode oder durch Umsetzung von Dichlorsulfanen S_mCl_2 mit Polysulfanen H_2S_p erhalten:

$$S_mCl_2 + H_2S_p \rightarrow S_n + 2\,HCl \qquad n = m + p$$

So bildet Cyclononaschwefel (S_9) ebenfalls vier Allotrope vor, von denen zwei (α- und β-Modifikation) genauer beschrieben sind.

Cyclododecaschwefel (S_{12}) mit seiner kronenförmig gezackten Molekülstruktur ist nach Cyclooctaschwefel das thermodynamisch stabilste Molekül. Cyclooctadecaschwefel (S_{18}) bildet zwei konformationsisomere Ringe aus (Holleman et al. 2007, S. 549, 552).

Die Moleküle des polymeren Schwefels bestehen aus langen durch Schwefelatome gebildeten Ketten. Er kann durch Erhitzen von Schwefel auf Temperaturen >120 °C und darauf folgendes schnelles Abkühlen (Eiswasser, flüssiger Stickstoff) dargestellt werden.

β-Schwefel schmilzt bei 119,6 °C, wobei die Schmelze zunächst Moleküle des Cylooctaschwefels enthält (λ-Schwefel). In Abhängigkeit von Temperatur und Zeit treten andere Spezies (S_6- S_7- S_{12}- Ringe, bis hinauf zu S_{50}-Ringen, darüber hinaus

aus auch Kettenmoleküle) in der Schmelze auf und stehen miteinander im Gleichgewicht. sowie bei höheren Temperaturen Kettenstrukturen auf.

Weiteres Erhitzen führt erst zur Erhöhung der Konzentration kleinerer Ringe (π-Schwefel, S_n ($6 \leq n \leq 25$, $n \neq 8$) und zur Abnahme der Viskosität der Schmelze. Oberhalb einer Temperatur von $159\,°C$ (λ-Übergang) brechen die Ringe durch thermische Anregung auf und bilden lange Molekülketten. Diese Form des Schwefels erreicht bei $187\,°C$ seine höchste Vikosität. Eine weitere Erhöhung der Temperatur bis zum Siedepunkt ($444{,}6\,°C$) führt zum Aufbrechen der Ketten unter Bildung kleinerer Molekülbruchstücke; die Viskosität der Schmelze nimmt wieder ab.

Oberhalb des Siedepunktes enthält gasförmiger Schwefel zunächst S_8-Ringe, die bei noch höheren Temperaturen aufbrechen. Zunächst weist der Schwefeldampf die gleiche gelbe Farbe auf wie eine Schmelze von Cyclooctaschwefel. Bei einer Temperatur oberhalb von $550\,°C$ zerfallen die Ringe in kleinere Moleküle wie S_2-S_4, die rot bis dunkelrotbraun erscheinen. Oberhalb einer Temperatur von $700\,°C$ enthält der Dampf zumeist S_2-Moleküle, bei $> 1800\,°C$ liegen einzelne Schwefelatome vor.

Chemische Eigenschaften Neutrale Schwefelmoleküle können als Kationen bzw. Anionen auftreten. Schwefelmoleküle („Schwefelpolykationen", siehe auch Tellur) mit der Oxidationsstufe $+2$ sind die hellgelben S_4^{2+}-, die roten S_{16}^{2+}- und die S_8^{2+}-Kationen, die z. B. durch Reaktion mit Arsen- oder oder Antimonpentafluorid unter Beibehaltung der Ringstruktur, aber unter Änderung der Konformation erhalten werden können:

$$S_8 + 5\ SbF_5 \rightarrow S_8^{2+} + 2(Sb_2F_{11})^- + SbF_3$$

Schwefel reagiert bei höherer Temperatur mit fast allen Metallen unter Bildung von Sulfiden, ausgenommen nur Platin, Iridium und Gold. Mit Quecksilber reagiert Schwefel sogar schon beim Verreiben bei Raumtemperatur zu Quecksilbersulfid. Schwefel reagiert auch mit den meisten Nichtmetallen direkt, nur nicht mit Tellur, Stickstoff, Jod und Edelgasen.

An Luft entzündet sich Schwefel ab einer Temperatur von etwa $250\,°C$ und verbrennt mit blauer Flamme unter Bildung von Schwefeldioxid (SO_2). Schwefel wird durch Salpetersäure zu Sulfat oxidiert. In alkalischer Lösung disproportioniert Schwefel zu Sulfid und Sulfit. In sulfidischer Lösung ist Schwefel unter Bildung von Polysulfiden löslich, und mit Sulfit reagiert es zu Thiosulfat.

Anorganische Verbindungen: In seinen Verbindungen nimmt Schwefel alle Oxidationsstufen zwischen $-$II (Sulfide) und $+$VI (Sulfate, Schwefeltrioxid und Schwefelsäure) ein.

Schwefelwasserstoff (H_2S) ist ein farbloses, in geringen Konzentrationen nach faulen Eiern riechendes, giftiges Gas, das durch Reaktion von Metallsulfiden (Me_xS_y) mit starken Säuren entsteht. H_2S reagiert schwach sauer, ist brennbar, kondensiert bei -60°C und fällt bei Umsetzung mit Metallkationen in wässriger Lösung die jeweiligen Metallsulfide aus dieser aus. Die Schwerlöslichkeit der Schwermetallsulfide wird in der analytischen Chemie im Trennungsgang zur Fällung der Metalle der Schwefelwasserstoff- und teilweise auch der Ammoniumsulfidgruppe genutzt.

Das bei Raumtemperatur flüssige Disulfan (H_2S_2) ist oxidations- und hydrolyseempfindlich und bildet viele Verbindungen wie z. B. Pyrit (FeS_2).

Schwefeldioxid (SO_2) ist ein farbloses, schleimhautreizendes, stechend riechendes, giftiges Gas, das bei -10°C kondensiert. Es bildet mit Wasser in kleinen Mengen schweflige Säure [H_2SO_3, Holleman et al. 1995, S. 578)]. Schwefeltrioxid (SO_3) ist das Anhydrid der Schwefelsäure (H_2SO_4) , bildet bei Normbedingungen farblose, nadelförmige, sehr hygroskopische, bei 17 °C schmelzende Kristalle, die sehr heftig mit Wasser zu Schwefelsäure reagieren. Bei 44,45 °C siedet SO_3.

Schwefel bildet viele Oxosäuren, von denen die Schwefelsäure mit Abstand am wichtigsten ist. Die Säuren sind nicht alle in reiner Form isolierbar. Angegeben ist nachstehend die mittlere Oxidationszahl des Schwefelatoms:

Oxidationszahl des Schwefels	Säuren des Typs H_2SO_n (*Salze*)	Säuren des Typs $H_2S_2O_n$ (*Salze*)
+1		Thioschweflige Säure, $H_2S_2O_2$ (*Thiosulfite*)
+2	Sulfoxylsäure, H_2SO_2 (*Sulfoxylate*)	Thioschwefelsäure, $H_2S_2O_3$ (*Thiosulfate*)
+3		Dithionige Säure, $H_2S_2O_4$ (*Dithionite*)
+4	Schweflige Säure, H_2SO_3 (*Sulfite*)	Dischweflige Säure, $H_2S_2O_5$ (*Disulfite*)
+5		Dithionsäure, $H_2S_2O_6$ (*Dithionate*)
+6	Schwefelsäure, H_2SO_4 (*Sulfate*)	Dischwefelsäure, $H_2S_2O_7$ (*Disulfate*)
+6	Peroxoschwefelsäure, H_2SO_5 (*Peroxosulfate*)	Peroxodischwefelsäure, $H_2S_2O_8$ (*Peroxodisulfate*)

Das Molekül des Tetraschwefeltetranitrids, S_4N_4, besitzt eine wannenförmige Struktur. Es ist ein rotgoldener Feststoff vom Schmelzpunkt 178°C, der zur Synthese diverser Schwefel-Stickstoff-Verbindungen verwendet wird (Greenwood und Earnshaw 1997, S. 721–725; Chivers 2004). Das Molekül des Dischwefeldinitrids, S_2N_2, liegt dagegen in Form eines rechteckig-planaren Ringes vor; die Substanz ist durch Reaktion von Silber mit S_4N_4 zugänglich. Dischwefeldinitrid wiederum ist Ausgangsprodukt für Polythiazyl [$(SN)_x$], das erste anorganische Polymer mit elektrischer Leitfähigkeit, das bei extrem niedrigen Temperaturen ($<0{,}26$ K) sogar supraleitend wird (Latscha und Klein 1978).

Schwefelhexafluorid (SF_6), dessen Molekül oktaedrische Struktur aufweist, ist ein farb- und geruchloses, ungiftiges, unbrennbares und äußerst reaktionsträges Gas das bei einer Temperatur von -64 °C zu einer farblosen Flüssigkeit kondensiert. Man verwendet es z. B. als Isolator in der Hochspannungstechnik und auch als Tracer zum Nachweis von Windströmungen. Allerdings ist seine Nutzung dort im Rückgang begriffen, da es starkes Absorptionsvermögen für IR-Strahlung und damit ein hohes Treibhauspotenzial besitzt. Dischwefeldekafluorid (S_2F_{10}) ist eine farblose, stechend riechende Flüssigkeit (GESTIS-Stoffdatenbank 2011). Schwefeltetrafluorid (SF_4) ist ein farbloses, unbrennbares Gas mit ebenfalls stechendem Geruch, das durch Wasser leicht hydrolytisch gespalten wird (Holleman et al. 1995, S. 564).

Dischwefeldichlorid (S_2Cl_2) siedet bei einer Temperatur von 137 °C, ist eine gelbe bis orangefarbige Flüssigkeit von üblem Geruch und wird durch Chlorierung elementaren Schwefels produziert (Brauer 1963, S. 371–372). Aus ihm stellt man großtechnisch Vulkanisationsmittel für Kautschuk sowie andere organische Schwefelverbindungen her. Es findet auch als Katalysator bei der Chlorierung von Essigsäure Verwendung. Schwefeldichlorid (SCl_2), eine tiefrote Flüssigkeit, entsteht bei der Umsetzung von Dischwefeldichlorid mit Chlorgas. Gelöst in Schwefelkohlenstoff (CS_2), setzt man es zur Kaltvulkanisation von Kautschuk ein. Im Ersten Weltkrieg wurde Schwefeldichlorid zur Herstellung des Kampfstoffes S-Lost verwendet.

Schwefeltetrachlorid (SCl_4) wird durch direkte Chlorierung von Schwefel mit Chlor hergestellt, ist aber nur im festen Zustand und bei Temperaturen unterhalb von -30 °C stabil.

Schwefelpentafluorchlorid (SF_5Cl), ein farbloses Gas, ist für die Synthese ungesättigter Kohlenstoff-Schwefel-Verbindungen wichtig (Seppelt 1987). Thionylhalogenide (SOX_2) sind vom Fluor, Chlor und Brom bekannt und werden, namentlich Thionylchlorid, in der organischen Synthesechemie eingesetzt. Sulfurylhalogenide (SO_2X_2) sind für Fluor und Chlor beschrieben, namentlich das letztere wird oft als Ausgangsprodukt in chemischen Synthesen eingesetzt.

Organische Verbindungen Schwefel ist darüber hinaus in vielen organischen Verbindungen, auch natürlich vorkommenden, enthalten. Beispiele hierfür sind die zwei essentiellen Aminosäuren Cystin und Cystein, Thiole (darunter auch Mercaptane, R-SH) und Thioether (R-S-R'). Manche von ihnen sind als Aromastoffe in Knoblauch oder Kaffee enthalten, aber auch im Abwehrstoff des Stinktiers (3-Methylbutanthiol) und besitzen Gerüche von kräftig-aromatisch bis hin zu faulem Kohl (Ethylmercaptan). Synthetische Produkte sind die vielfach als anionische Tenside in Waschmitteln verwendeten Natriumsulfonate (Na-SO_2-R). Bei der Gewinnung seltener Metalle, etwa im Zuge der Aufbereitung von Erzen oder der Flüssig-flüssig-Extraktion, setzt man u. a. Xanthogenate (Ester der Dithiokohlensäure, H_2CS_2O), Dithiophosphorsäureester, Mercaptane oder Alkylsulfonate ein. Jedoch ist die Kohlenstoff-Schwefel-Einfachbindung schwächer als die Einfachbindung zwischen zwei Kohlenstoffatomen (Pauling 1973), weswegen sie relativ leicht hydrolytisch gespalten wird.

Die Reaktionsfähigkeit bzw. -richtung organischer Schwefelverbindungen unterscheidet sich teilweise stark von der der jeweiligen Sauerstoffanaloga. So stellt man Thiole, unter ihnen auch die Mercaptane, durch Umsetzung von Kaliumhydrogensulfid mit Alkylhalogeniden her. Alkylierung von Thioharnstoff und nachfolgende Hydrolyse mit Natronlauge ergibt gleichfalls Thiole. Sie sind oxidativ leicht in Disulfide und deren Folgeprodukte überführbar.

Disulfid-Brücken stabilisieren die Struktur von Proteinen; eine praktische Anwendung dafür ist das Legen von Dauerwellen. Zunächst bricht man mittels Thioglycolsäure die Cystinbindungen im Keratin reduktiv auf. Danach bringt man die Haare in die gewünschte Form und oxidiert die Thiolgruppen (-SH) mit Hilfe von Wasserstoffperoxid zurück zu Disulfidbrücken, die die Struktur der Haarproteine durch Vernetzung stabilisieren.

Thioether sind durch Umsetzung von Alkalisulfid mit Alkylhalogeniden zugänglich. Mit überschüssigem Alkylhalogenid werden Trialkylsulfoniumsalze gebildet. Thioether sind leicht zu Sulfoxiden und Sulfonen oxidierbar.

Sulfoxide, deren Moleküle zwei voneinander verschiedene Alkylgruppen tragen (R-S(O)-R′), besitzen am Schwefelatom ein Chiralitätszentrum, weil das freie Elektronenpaar dabei formal den vierten Substituenten darstellt. Einige Sulfoxide, wie Dimethylsulfoxid, sind als dipolare, aber protonenfreie Lösungsmittel oft im Einsatz.

Im Bereich der Heterocyclen ist das aromatisch riechende Thiophen bekannt. Generell befinden sich unter den Aromastoffen viele schwefelhaltige Substanzen, die längst nicht nur übelriechend sind (Ohloff 1990). Der intensivste, aus natürlichen Aromen gewonnene Geruchsstoff überhaupt ist Thioterpinol (Geruchsschwellenwert >4 ppb), das aus der Pampelmuse/Grapefruit isoliert wurde (Demole 1982). Geringfügig schwächer, aber immer noch äußerst intensiv duftet der Geruchsstoff der schwarzen Johannisbeere (8-Thio-*p*-menth-3-on, Ohloff 1990, S. 13). Ein Monoterpen, dessen Molekül einen Thiophenring enthält, bildet den Aromaträger des Hopfens. In Shiitake-Pilzen ist der Aromastoff 1,2,3,5,6-Pentathiepan (Lenthionin) enthalten, in Spargel 1,2-Dithiolan sowie in Rettich und Radieschen das 4-Methylsulfinyl-3-butenyl-isothiocyanat.

Anwendungen Schwefel wird zu vielen Synthesen genutzt, allen voran für die Herstellung von Schwefelsäure. Auch Farbstoffe, Insektizide, Düngemittel werden unter Verwendung von Schwefel produziert.

Schwefelsäure wird seit fast 200 Jahren mittels des Kontaktverfahrens hergestellt, bei dem im ersten Schritt durch Rösten sulfidischer Erze oder durch Verbrennen von Schwefel an der Luft Schwefeldioxid (SO_2) erzeugt wird, das über einen

Vanadium-V-oxid-Kontakt (V_2O_5) geleitet wird und dabei mit dem Luftsauerstoff spontan zu Schwefeltrioxid (SO_3) reagiert. Dessen nachfolgende Absorption in Wasser liefert Schwefelsäure. Rund 90 % des Schwefels gehen in die Produktion von Schwefelsäure.

Rund zwei Drittel der gesamten erzeugten Menge an Schwefelsäure werden zu Düngern weiterverarbeitet. Wird beispielsweise rohes Phosphat (Calciumphosphat) mit Schwefelsäure umgesetzt, so entsteht ein Gemisch aus Calciumdihydrogenphosphat [$Ca(H_2PO_4)_2$] und Calciumsulfat ($CaSO_4 * 2\,H_2O$), das sogenannte Superphosphat:

$$Ca_3(PO_4)_2 + 2\,H_2SO_4 \rightarrow Ca(H_2PO_4)_2 + 2\,CaSO_4 * 2\,H_2O$$

Schwefelsäure findet auch weithin Einsatz zum Aufschluss von Erzen, als Elektrolytmedium in Autobatterien, als Katalysator bei der Alkylierung von Olefinen, der Herstellung von Phenol und Aceton nach dem Cumolhydroperoxid-Verfahren, zur Herstellung von Fluorwasserstoff, der Produktion von Caprolactam und dem Aufschluss von Zellstoff, der den Beginn der Papierherstellung darstellt. Mit Schwefeltrioxid werden Dodecylaromaten und Fettalkohole zu Tensiden sulfoniert (Tadros 2005).

Bei der Vulkanisation von Kautschuk, einem der Teilschritte zur Herstellung von Autoreifen, ist Schwefel unverzichtbar. Ein Zusatz von Schwefel vernetzt die polymeren Moleküle des Kautschuks durch Bildung von Sulfidbrücken miteinander und stabilisiert so das Polymer.

In der Medizin wird Schwefel nur äußerlich angewendet (Pharmacopoea Europaea 2008), wo er bakteriostatisch wirkt, meist in Form von Seifen, Salben und Gelen gegen Pilzerkrankungen (Arzneibuch-Kommentar 2004). Eingenommen bewirkt er Durchfall. Schwefel kann auch bestimmte Pilze und Parasiten abtöten.

Zusätze von Schwefel erhöhen die Festigkeit von Stahl durch Bildung kleiner Einschlüsse weichen Mangansulfids, die die mechanische Verarbeitbarkeit des Stahls erleichtern. Jedoch kann sich aus dem Schwefel, wenn der Stahl ständig hoher Luftfeuchtigkeit ausgesetzt ist, leicht Schwefeldioxid und am Ende Schwefelsäure gebildet werden, die korrosiv auf Stahl wirkt. Darauf ist besonders bei Stahlkonstruktionen zu achten (Küster et al. 1984).

Flüchtige, im Erdöldestillat enthaltene Schwefelverbindungen sind oft starke Gifte für Metallkatalysatoren, da sie mit diesen reagieren. Die Vergiftung führt in der Regel zur Verminderung der Aktivität eines Katalysators, zu dessen verringerter Selektivität oder sogar zur völligen Deaktivierung. In einigen Fällen setzt man teuren Katalysatoren, wie solche aus einer Platin-Rhenium-Legierung, von vornherein Schwefel zu, um des Katalysators Anfangsaktivität auf die ungünstigen Eigenschaften des Reaktionsmediums einzustellen.

Schwefel findet als leicht entzündlicher Stoff bei der Herstellung von Schwarz- oder Schießpulver und auch in Zündmitteln für Feuerwerkskörper Verwendung.

Schwefeldioxid setzt man zum Desinfizieren leerer Weinfässer sowie von Trockenobst ein. Im Pflanzenschutz verwendet man schwefelhaltige Präparate gegen den an der Blattoberfläche wachsenden Mehltaupilz, der ein Schädling für Reben ist. Schwefel oxidiert dort langsam zu Schwefeldioxid und hemmt so die Keimung der Pilzsporen.

Katastrophale Auswirkungen hatte das in den Abgasen älterer, ohne Rauchgaswäsche arbeitenden Kohlekraftwerken der früheren DDR oder Tschechiens, da das Schwefeldioxid durch Regen aus der Luft ausgewaschen wurde und in großem Umkreis die Oberfläche des Waldbodens derart ansäuerte, dass es zu einem Waldsterben großen Ausmaßes kam.

Schwefel und seine Verbindungen werden als Schmierstoffadditive verwendet, z. B. in nicht wassermischbaren Kühlschmierstoffen bei Anwendung unter extremem Druck. Auch Eisensulfide (FeS, FeS_2 oder Fe_2S_3) oder Molybdän-IV-sulfid (MoS_2) werden als feste Schmierstoffe eingesetzt.

In wiederaufladbaren Akkumulatoren setzt man in japanischen Speicherkraftwerken flüssigen Schwefel als Kathode von Natrium-Schwefel-Zellen ein. Die Arbeitstemperatur beträgt 300 bis 350 °C, flüssiges Natrium fungiert als Anode, und als fester Elektrolyt eine Keramik aus Natrium-β-aluminat ($NaAl_{11}O_{17}$). Die elektrochemische Bruttoreaktion ist:

$$2Na + 3S \rightarrow Na_2S_3$$

5.3 Selen

Symbol:	Se		
Ordnungszahl:	34		
CAS-Nr.:	7782-49-2		
Aussehen:	1. Rotes Pulver 2. Grau, metallisch glänzend 3. Schwarzer, amorpher Feststoff	Selen, Scheibe, 5 cm Ø (Metallium, Inc. 2015)	Selen, Pulver (Sicius 2015)
Entdecker, Jahr	Berzelius (Schweden), 1817		
Wichtige Isotope [natürliches Vorkommen (%)]	Halbwertszeit (a)	Zerfallsart, -produkt	
$^{74}_{34}Se$ (0,87)	Stabil	----	
$^{76}_{34}Se$ (9,36)	Stabil	----	
$^{77}_{34}Se$ (7,63)	Stabil	----	

$^{78}_{34}$Se (23,78)	Stabil	----
$^{80}_{34}$Se (49,61)	Stabil	----
Massenanteil in der Erdhülle (ppm):		0,8
Atommasse (u):		78,971
Elektronegativität (Pauling ♦ Allred&Rochow ♦ Mulliken)		2,48 ♦ K. A. ♦ K. A.
Normalpotential für: $Se + 2\ e^- > Se^{2-}$ (V)		$-0,92$
Atomradius (pm):		115
Van der Waals-Radius (berechnet, pm):		190
Kovalenter Radius (pm):		120
Elektronenkonfiguration:		$[Ar]\ 3d^{10}4s^2\ 4p^4$
Ionisierungsenergie (kJ/mol), erste ♦ zweite ♦ dritte:		941 ♦ 2045 ♦ 2974
Magnetische Volumensuszeptibilität:		$-1,9 * 10^{-5}$
Magnetismus:		Diamagnetisch
Kristallsystem:		Hexagonal
Elektrische Leitfähigkeit([A/(V * m)], bei 300 K):		10^{-10}
Elastizitäts- ♦ Kompressions- ♦ Schermodul (GPa):		10 ♦ 8,3 ♦ 3,7
Vickers-Härte ♦ Brinell-Härte (MPa):		29 ♦ 736
Schallgeschwindigkeit (m/s, bei 293,15 K):		3350
Dichte (g/cm³, bei 273,15 K)		4,48 (rot, 25 °C) 4,82 (grau, 25 °C) 4,28 (schwarz, 60 °C)
Molares Volumen (m³/mol, im festen Zustand):		$16,42 \cdot 10^{-6}$
Wärmeleitfähigkeit [W/(m * K)]:		0,52
Spezifische Wärme [J/(mol * K)]:		25,36
Schmelzpunkt (°C ♦ K):		221 ♦ 494,15
Schmelzwärme (kJ/mol):		5,4 (grau: 6,7)
Siedepunkt (°C ♦ K):		685 ♦ 958,15
Verdampfungswärme (kJ/mol):		95,5
Kritischer Punkt (°C ■ MPa):		1493 ■ 27,2

Vorkommen Selen und auch sein höheres Homologes Tellur kommen viel seltener in der Erdkruste vor als Schwefel. Elementares (gediegenes) Selen tritt in sehr kleinen Mengen natürlich auf, gebunden ebenfalls selten in Selenmineralien wie Clausthalit (Bleiselenid, PbSe). Selen begleitet oft Sulfide des Kupfers, Bleis, Zinks und Eisens. Werden diese Erze geröstet, so konzentriert sich das bei Raumtemperatur feste Selendioxid in der Flugasche oder im darauf folgenden Prozess zur Herstellung von Schwefelsäure als Selenige Säure.

Selen ist ein essentielles Spurenelement und Baustein der einundzwanzigsten biogenen Aminosäure Selenocystein. Somit ist es zur Gesunderhaltung des Menschen unverzichtbar, wirkt aber in größeren Mengen stark giftig. Den höchsten Gehalt an Selen unter den Nahrungsmitteln hat die Paranuss [knapp 2 ppm (Universität Düsseldorf 2013)].

Gewinnung Selen ist ein Nebenprodukt der zur Herstellung reinen Kupfers und Nickels eingesetzten Elektrolyse und sammelt sich im Anodenschlamm. Dieser wird geröstet; das sich dabei bildende Selendioxid wird mittels Schwefeldioxid zu elementarem Selen reduziert. Im Labor kann es in kleinen Mengen, jedoch relativ aufwendig, durch Reduktion von Seleniger Säure mit Iodwasserstoff dargestellt werden (Riedel und Janiak 2011):

$$H_2SeO_3 + 4HI \rightarrow Se + 2I_2 + 3H_2O$$

2000 t wurden im Jahr 2011 weltweit produziert, meist in Deutschland (650 t), Japan (630 t), Belgien (200 t) und Russland (140 t). Die auf der Erde verfügbare Gesamtreserve schätzt man auf rund 93.000 t. In diesen Zahlen sind aber nicht zwei der größten Produktionsländer enthalten, China und die USA. Der Preis lag zwischen 2004 und 2010 ziemlich stabil bei US$ 30.-/lb. (=ca. € 66.-/kg), verdoppelte sich dann aber bis 2011, nicht zuletzt weil China der größte Verbraucher von Selen mit 1500–2000 t/a ist. 2010 gingen ca. 30 % des erzeugten Selens in die Metallindustrie, weitere 30 % in die Glasherstellung und je 10 % in die Landwirtschaft, die Elektronikindustrie (Halbleiter) und die Chemieindustrie (Pigmente).

Eigenschaften Selen tritt in verschiedenen Modifikationen auf (Brauer 1963, S. 415–418):

- Rotes Selen ist wie Schwefel nichtmetallisch, löst sich in Kohlenstoffdisulfid und ist ein elektrischer Nichtleiter. Seine Moleküle enthalten zu etwa einem Drittel Se_8-Ringe und zu zwei Dritteln längere Ketten oder Ringe von Selenatomen. Rotes Selen geht beim Erhitzen auf Temperaturen >80 °C in graues, halbmetallisches Selen über.
- Schwarzes amorphes Selen wandelt sich beim Erwärmen auf 60 °C zunächst in das schwarze, glasartige Selen um; weiteres Erhitzen auf Temperaturen oberhalb von 80 °C ergibt auch hier die Bildung grauen Selens.
- Graues „metallisches" Selen ist die stabilste Modifikation und hat die Eigenschaften eines Halbmetalls. Es schmilzt bei 220 °C; die dann entstehende schwarze Flüssigkeit verdampft bei höheren Temperaturen unter Bildung gelben Selendampfes und siedet schließlich bei 685 °C.

Wird graues Selen belichtet, so verändert sich photovoltaisch seine elektrische Leitfähigkeit. Diese wird durch Leitung von Löchern (positiv geladenen Fehlstellen von Elektronen) verursacht. Den Mechanismus hierfür interpretiert man als „Hopping", also einem Springen der Löcher von einer Kristallfehlstelle zur nächsten (Mott 1969).

Beim Erhitzen in Luft verbrennt Selen mit blauer Flamme zu Selendioxid, SeO_2. Oberhalb von 400 °C setzt es sich mit Wasserstoff zum Selenwasserstoff, H_2Se, um. Mit Metallen bildet es Selenide, zum Beispiel Natriumselenid, Na_2Se, oder Eisen-II-selenid, FeSe.

Das chemische Verhalten des Selens ist dem des Schwefels ähnlich, nur ist Selen schwerer zu oxidieren. So ergibt beispielsweise die Umsetzung mit Salpetersäure Selenige Säure (H_2SeO_3) und nicht Selensäure (H_2SeO_4).

Verbindungen **Selenide** leiten sich vom Selenwasserstoff, einem äußerst giftigen, nach faulem Rettich riechenden, sehr zersetzlichen Gas ab, das bei -41 °C kondensiert.

Kohlenstoffdiselenid gewinnt man durch Umsetzung von Dichlormethan mit Selen bei 520 °C oder von Selenwasserstoff mit Tetrachlormethan (Holleman et al. 1995, S. 628):

$$CH_2Cl_2 + Se \rightarrow CSe_2 + 2HCl \qquad CCl_4 + 2H_2Se \rightarrow 4HCl + CSe_2$$

Es ist eine goldgelbe, stark lichtbrechende, zugleich lichtempfindliche Flüssigkeit vom Siedepunkt 125,5 °C, die nach faulem Rettich riecht und unlöslich in Wasser ist. Sie ist löslich in Kohlenstoffdisulfid und vielen organischen Lösungsmitteln, aber nur wenig löslich in Eisessig und Alkohol.

Selenchalkogenide Selen bildet zwei Oxide: Selendioxid (SeO_2) und Selentrioxid (SeO_3). Ersteres erhält man durch Umsetzung elementaren Selens mit Sauerstoff (House 2008); das Molekül ist ein kettenförmiges Polymer. In der Gasphase entstehen daraus aber einzelne SeO_2-Moleküle. Es löst sich in Wasser unter Bildung Seleniger Säure, H_2SeO_3. Jene kann man auch direkt durch Reaktion von Selen mit Salpetersäure herstellen.

$$3Se + 4HNO_3 + H_2O \rightarrow 3H_2SeO_3 + 4NO$$

Im Gegensatz zu Schwefeltrioxid ist Selentrioxid thermisch unbeständig und zersetzt sich bei Temperaturen oberhalb von 185 °C unter Abgabe von Sauerstoff in einer exothermen Reaktion zu Selendioxid (House 2008; Wiberg et al. 2001):

$$2SeO_3 \rightarrow 2SeO_2 + O_2 \, (\Delta H = -54 \, kJ/mol)$$

Selentrioxid kann man im Labor aus wasserfreiem Kaliumselenat (K_2SeO_4) mit Schwefeltrioxid herstellen (Greenwood und Earnshaw 1997, S. 780). Alternativ ist es durch Dehydratisierung von Selensäure zugänglich, die ihrerseits aus Selendioxid und Wasserstoffperoxid hergestellt werden kann (Seppelt et al. 1980):

$$SeO_2 + H_2O_2 \rightarrow H_2SeO_4$$

Heiße konzentrierte Selensäure ist in der Lage, Gold aufzulösen; es bildet sich dann Gold-III-selenat [$Au_2(SeO_4)_3$] (Lenher 1902).

Schwefelwasserstoff reagiert mit seleniger Säure unter Bildung von Selendisulfid, dessen Moleküle aus achtatomigen Ringen mit einer nahezu statistischen Anordnung von Schwefel- und Selenatomen bestehen:

$$H_2SeO_3 + 2 \, H_2S \rightarrow SeS_2 + 3 \, H_2O.$$

Man setzt es in Anti-Schuppen-Shampoos ein. Selendisulfid wirkt sehr stark gegen die für die Schuppenbildung verantwortliche Talgproduktion, sodass Dermatologen es nur in medizinischen Produkten zu verwenden. In frei verkäuflichen Shampoos dieser Art darf es nur bis zu einem Gehalt von 1 % enthalten sein. Außerdem wird es als Inhibitor in der Polymerchemie, als Farbstoff für Glas und in Feuerwerkskörpern als Reduktionsmittel verwendet.

Selenhalogenide Seleniodide sind kaum charakterisiert. Das einzige stabile Chlorid ist Diselendichlorid (Se_2Cl_2); das analoge Bromid existiert ebenfalls. Beide sind strukturanalog zu Dischwefeldichlorid. Diselendichlorid eine dunkelrote Flüssigkeit von säuerlichem Geruch und Siedepunkt 127°C, ist ein wichtiger Ausgangsstoff zur Herstellung von Selenverbindungen bzw. anderen Modifikationen elementaren Selens (z. B. Se_7); man erhält es durch Umsetzung von Selen mit Sulfurylchlorid (SO_2Cl_2) (Xu und Devillanova 2007).

Mit Fluor reagiert Selen direkt zu Selenhexafluorid (SeF_6). Verglichen mit seinem Schwefelanalogon (SF_6) ist es reaktiver, hydrolysiert langsam mit Wasser und ist giftig schon beim Einatmen. Es ist ein farbloses Gas mit abstoßendem Geruch ohne technische Anwendungen (Langner 2005). Ein Selenhexachlorid oder -bromid ist unbekannt.

Von den Tetrahalogeniden (SeX_4) kennt man das Fluorid, Chlorid und Bromid, die jedoch alle zersetzlich sind. Selentetrachlorid ist z. B. ein farbloser bis gelblicher feuchtigkeitsempfindlicher Feststoff mit stechendem Geruch und einem Schmelzpunkt von 305 °C, der in Wasser und feuchter Luft zu Seleniger Säure und Salzsäure hydrolysiert.

Einige der Selenoxihalogenide (Selenoxifluorid, $SeOF_2$, und Selenoxichlorid, $SeOCl_2$) finden Verwendung als dipolar aprotische Lösungsmittel (Smith 1950). Beide hydrolysieren leicht zu Seleniger Säure.

Se_4N_4 (Tetraselentetranitrid) ist wie S_4N_4 ein orangefarbener Feststoff, aber im Gegensatz zu diesem explosiv. Es ist aus $SeCl_4$ und Bis(trimethylsilylamino)selen darstellbar (Silvari et al. 1933).

Umsetzung von Selen mit Grignard-Verbindungen (R-Mg-Hal) führt durch hydrolyse der zunächst entstehenden Grignard-Addukte (R-Se-Mg-Hal) zu Selenolen (R-Se-H), die die Selenanaloga zu Alkanolen und Mercaptanen sind (Rheinboldt 1955). Die niederen Selenole haben einen widerwärtigen Geruch und sind giftig.

Anwendungen Da Selen für alle Lebensformen essentiell ist, gibt man Selenverbindungen Nahrungsergänzungsmitteln zu. Nichtmetallisches Selen setzt man zum Rotfärben von Glas und -da Rot die Komplementärfarbe zu Grün ist- zum Entfärben grünen Glases ein.

In Belichtungstrommeln für Fotokopierer und Laserdrucker findet es ebenso Verwendung wie in Tonern für die Schwarzweißphotographie, um den Kontrast zu erhöhen, und in analogen Belichtungsmessern für die Fotografie. Mit Hilfe von Zinkselenid (ZnSe) ist die Herstellung stark reflektierender Oberflächen möglich; Licht lässt es nur im infraroten Wellenlängenbereich durch, was es zur Produktion von Fokuslinsen von Kohlendioxidlasern geeignet macht.

Kupferlegierungen beigefügt, erleichtert es die mechanische Bearbeitbarkeit. Selendioxid setzt man auch zur Oberflächenbehandlung von Aluminium und Messing ein, um einen dunkleren Farbton zu erzielen. Bei der elektrolytischen Gewinnung von Mangan werden relativ große Mengen an Selendioxid zugegeben (2 kg SeO_2 pro t erzeugtes Mangan), da so der Energieverbrauch bei der Elektrolyse gesenkt werden kann (U.S. Department of the Interior 2011).

Bei der Herstellung von Halbleitern wird es eingesetzt, früher auch oft im Selen-Gleichrichter und in der Selenzelle, wobei es in letzteren Anwendungen aber schon meist durch Silicium ersetzt wurde. Zusammen mit Kupfer und Indium ist es in der lichtaktiven Beschichtung von CIGS-Solarzellen enthalten.

Selendisulfid ist ein hochwirksamer Inhaltsstoff von Anti-Schuppen-Haarshampoos.

Toxikologie und biologische Bedeutung Selen bindet im Körper Schwermetalle als Selenide; seine Verbindungen haben darüber hinaus starke antioxidative Wirkung.

Daher werden die Körperzellen wirksam vor freien Radikalen geschützt. Daher ist es essentiell für Menschen und Tiere. In Futtermitteln für Nutztiere ist es daher oft als Natriumselenit und -selenat enthalten.

Jedoch leiden viele Menschen unter Selenmangel. Dabei gibt es viele Lebensmittel, die gute Selenlieferanten sind, wie z. B. Paranüsse, Kokosnüsse und ihre Produkte, Sonnenblumenkerne, Sesam, Hülsenfrüchte, Knoblauch, Steinpilze, Hirse, Vollkorngetreide, Rind- und Hühnerfleisch, Eigelb und viele Fischarten (Schlieper 2000; Russell 2003; Ekmekcioglu 2000).

Ausgesprochene Zeichen einer Mangelversorgung kommen nur in Ländern mit generell starker Unterversorgung vor. Dazu gehören Erkrankungen des Herzmuskels in jugendlichem Alter (Keshan-Krankheit/China), Degeneration der Gelenkknorpel (Kaschin-Beck-Krankheit/Nordostsibirien, Mongolei und Nordchina), Schädigung des Nervensystems (Epidermische Neuropathie, Kuba) sowie Muskelerkrankungen und -degenerationen (Rees et al. 2003; Behne et al. 1990; Arthur et al. 1993; Schweizer et al. 2004).

Als Zusatzstoff für Nahrungs- und Futtermittel setzt man seit einiger Zeit Selenomethionin ein, das durch Hefen (Saccharomyces cerevisiae (Sel-Plex®, Lalmin®) in einem aus Melasse und Natriumselenit bestehenden Substrat erzeugt wird.

In höherer Konzentration wirkt Selen aber schnell toxisch; die Spanne der „verträglichen" Konzentration ist sehr schmal. Zudem ist die Toxizität von Selen abhängig von der chemischen Bindungsform. Selen ist Bestandteil der Aminosäure Selenocystein, die wiederum ein wichtiger Baustein des Enzyms Glutathionperoxidase ist. Jenes bewirkt den Abbau oxidativer Zellgifte wie Wasserstoffperoxid zu Wasser. Generell dienen Selenverbindungen wegen deren Reaktivität mit Sauerstoff und anderen aggressiven freien Radikalen als deren Fänger.

Die meisten selenhaltigen Eiweiße (Selenoproteine) enthalten das als 21. Aminosäure klassifizierte Selenocystein und kommen in dieser Form nur in tierischen Organismen, Bakterien und Archaeen vor. Der Gehalt des Selens im Erdboden entscheidet, ob Selen in Pflanzen –meist unspezifisch- angereichert wird.

Die Wirkung des Selens auf den menschlichen Körper ist bereits lange Gegenstand zahlreicher Untersuchungen (Stranges et al. 2007; Bleys et al. 2007; BioMed Central 2010). Der hemmende Einfluss von Selen auf die Entwicklung mancher Krankheiten wie Diabetes mellitus ist nicht eindeutig belegt, wie sich durch Vergleich der jeweiligen Studien ergibt (Bleys et al. 2007; BioMed Central 2010).

5.4 Tellur

Symbol:	Te		
Ordnungszahl:	52		
CAS-Nr.:	13494-80-9		
Aussehen:	Silberweiß, metallisch glänzend	Tellur, Scheibe, 6,5 cm Ø (Metallium, Inc. 2015)	Tellur, Pulver (Sicius 2015)

Entdecker, Jahr	Von Müller-Reichenstein (Österreich), 1782 Klaproth (Preußen), 1797	
Wichtige Isotope [natürliches Vorkommen (%)]	Halbwertszeit (a)	Zerfallsart, -produkt
$^{122}_{52}$Te (2,60)	Stabil	----
$^{124}_{52}$Te (4,82)	Stabil	----
$^{125}_{52}$Te (7,14)	Stabil	----
$^{126}_{52}$Te (18,95)	Stabil	----
$^{128}_{52}$Te (31,69)	$7,2 * 10^{24}$	$\beta^-\beta^- > {}^{128}_{54}$Xe
$^{130}_{52}$Te (33,80)	$7,9 * 10^{20}$	$\beta^-\beta^- > {}^{130}_{54}$Xe
Massenanteil in der Erdhülle (ppm):	0,01	
Atommasse (u):	127,60	
Elektronegativität (Pauling ♦ Allred&Rochow ♦ Mulliken)	2,1 ♦ K. A. ♦ K. A.	
Normalpotential für: $Te + 2\ e^- > Te^{2-}$ (V)	$-1,14$	
Atomradius (pm):	140	
Van der Waals-Radius (berechnet, pm):	206	
Kovalenter Radius (pm):	138	
Elektronenkonfiguration:	$[Kr]\ 4d^{10}\ 5s^2\ 5p^4$	
Ionisierungsenergie (kJ/mol), erste ♦ zweite ♦ dritte:	869 ♦ 1790 ♦ 2698	
Magnetische Volumensuszeptibilität:	$-2,4 * 10^{-5}$	
Magnetismus:	Diamagnetisch	
Kristallsystem:	Trigonal	
Elektrische Leitfähigkeit([A/(V*m)], bei 300 K):	10^4	
Elastizitäts- ♦ Kompressions- ♦ Schermodul (GPa):	43 ♦ 65 ♦ 16	
Vickers-Härte ♦ Brinell-Härte (MPa):	57 ♦ 180–270	
Schallgeschwindigkeit (m/s, bei 293,15 K):	2610	
Dichte (g/cm³, bei 273,15 K)	6,24	
Molares Volumen (m³/mol, im festen Zustand):	$20,46 \cdot 10^{-6}$	

Wärmeleitfähigkeit ([W/(m * K)]):	3,0
Spezifische Wärme ([J/(mol * K)]):	25,73
Schmelzpunkt (°C ♦ K):	449,51 ♦ 722,66
Schmelzwärme (kJ/mol):	17,5
Siedepunkt (°C ♦ K):	990 ♦ 1263
Verdampfungswärme (kJ/mol):	114

Vorkommen Tellur ist ein sehr seltenes Element; sein Anteil an der Erdhülle beträgt nur etwa 0,01 ppm (g/t). Vereinzelt kommt es mit Gold, gelegentlich auch mit Silber, Kupfer, Blei, Wismut und den Platinmetallen vergesellschaftet in elementarer Form in der Natur vor.

Gediegenes, in der Natur vorkommendes Tellur kann Selen enthalten. Trotz seiner Seltenheit bildet Tellur viele eigene Minerale und tritt wegen der Größe seines Atoms nicht als Ersatz für Schwefel- oder Selenatome in deren Mineralien auf; letztere findet man aber öfters als Ersatz für Telluratome in Tellurmineralien.

Mineralien mit Tellurid- (Te^{2-}) bzw. Ditellurid- (Te_2^{2-}) Anionen sind Goldtellurid (!), daneben kommen Edelmetall-, Blei- und Wismuttelluride vor. Dagegen sind Mineralien mit Te^{4+}-Ionen seltener, wie bereits das wichtigste Oxid des Tellurs, das Tellurdioxid (TeO_2) in seinen zwei Modifikationen Tellurit (orthorhombisch) und Paratellurit (tetragonal). Weitere Mineralien, die Tellur in der Oxidationszahl +4 enthalten, sind Tellurite der Formeln $[TeO_3]^{2-}$- oder $[TeO_4]^{4-}$.

Von Mineralen mit Tellur in der Oxidationsstufe +6 gibt es rund zwanzig, meist vom Kupfer oder Blei, die $[TeO_6]^{6-}$-Anionen enthalten. Es existieren auch gemischte Tellurminerale, darunter das Calcium orthotellurat (-Carlfriesit, $CaTe_3O_8$) mit einem Te^{4+}:Te^{6+}-Verhältnis von 2:1 (Williams und Gaines 1975; Effenberger et al. 1978).

Alle diese Minerale sind jedoch wegen ihrer Seltenheit und des Fehlens abbauwürdiger Lagerstätten für die technische Gewinnung von Tellur irrelevant. Wichtige Vorkommen sowohl von elementarem Tellur als auch seiner Minerale befinden sich in Cripple Creek (Colorado, USA), Zlatna (Rumänien), Moctezuma (Mexiko) und Kalgoorlie (Australien). Bekannt sind:

a. Telluride Hessit (Ag_2Te) und Altait (PbTe),
b. Ditelluride Calaverit ($AuTe_2$) und Sylvanit [(Au, Ag)Te_2]
c. Telluridsulfide Nagyágit [AuPb(Pb, Sb,Bi)$Te_{2-3}S_6$] und Tetradymit (Bi_2Te_2S)
d. Tellurite [Tellurit, TeO_2 und Zemannit [$Mg_{0,5}ZnFe[TeO_3]_3 * 4,5\ H_2O$]

Gewinnung Die elektrolytische Herstellung von Nickel und Kupfer ist die einzige Quelle zur Gewinnung von Tellur, wie dies auch für Selen zutrifft. Die bei der Elektrolyse zwangsläufig entstehenden Anodenschlämme enthalten Kupfer-, Silber- und Goldtellurid und -selenid. Diese röstet man bei Temperaturen oberhalb von 500 °C bei Gegenwart von Luftsauerstoff und Natriumcarbonat, wobei die Edelmetallkationen zum Element reduziert und das Tellurid zu Tellurit (TeO_3^{2-}) oxidiert:

$$M_2Te + O_2 + Na_2CO_3 \rightarrow Na_2TeO_3 + 2M + CO_2$$

(M = Metallkation bzw. -atom)

Durch Aufschmelzen der Telluride mit Natriumnitrat ($NaNO_3$) wird ebenso Tellurit und Metall gebildet, allerdings entstehen dabei auch giftige Stickoxide:

$$M_2Te + 2NaNO_3 \rightarrow Na_2TeO_3 + 2M + NO_2 + NO$$

Das bei der Reaktion jeweils gebildete Natriumtellurit (Na_2TeO_3) löst man dann in Wasser; durch Zugabe von Schwefelsäure fällt man das sehr schwer lösliche Tellurdioxid aus. Dieses wird durch Umsetzung mit Schwefeldioxid zu elementarem, amorphen Tellur reduziert. Zur Gewinnung hochreinen Tellurs wendet man das Zonenschmelzverfahren an.

Vor einigen Jahren wurden durchschnittlich etwa 120 t Tellur jährlich hergestellt. Die wichtigen Produzentenländer sind mit jeweils rund 50 t/a die USA und Japan, sowie mit ca. jeweils 13 t/a Peru und Kanada. Möglicherweise wird Tellur auch noch in einigen Ländern Westeuropas hergestellt; dafür liegen aber keine Zahlen vor (British Geological Survey 2011).

Eigenschaften Bei Standardbedingungen tritt Tellur nur in seiner metallischen, trigonal kristallisierenden Modifikation auf. Zudem existieren diverse unter hohem Druck gebildete Modifikationen (Bradley 1924; Ardenis et al. 1989):

a. Te-II, monoklin, im Druckbereich von 4 bis 6,6 GPa.
b. Te-III orthorhombisch, im Druckbereich von 6,6 bis 10,6 GPa stabil.
c. Te-IV, trigonal, im Druckbereich von 10,6 bis 27 GPa
d. Te-V, kubisch-raumzentriert, im Druckbereich oberhalb von 27 GPa.

Das unbeständige, amorphe Tellur kann zwischenzeitlich aus Telluriger Säure (H_2TeO_3) bzw. ihren Salzen (Telluriten) durch Reaktion mit Schwefeldioxid in wässriger Lösung (=Sulfit) dargestellt werden, erleidet aber unter Normalbedingungen einen langsamen Übergang in die metallische Modifikation:

$$H_2TeO_3 + 2SO_3^{2-} \rightarrow Te + 2SO_4^{2-} + H_2O$$

Physikalische Eigenschaften: Kristallines, metallisches Tellur ist halbleitend; die elektrische Leitfähigkeit steigt, wie zu erwarten, bei Erhöhung der Temperatur oder bei Belichtung an, jedoch nur gering. Die Leitfähigkeit für Strom und Wärme des Tellurkristalls ist abhängig von der Richtung (anisotrop). Tellur ist weich (Härte nach Mohs 2,3) und spröde, so dass es leicht zu Pulver vermahlen werden kann. Eine Erhöhung des Drucks erzeugt weitere kristalline Modifikationen des metallischen Tellurs. Bei 450 °C schmilzt Tellur zu einer roten Flüssigkeit, bei 990 °C siedet es unter Bildung eines gelben, aus Te_2-Molekülen bestehenden Dampfes. Oberhalb von 2000 °C liegt der Dampf einatomig vor.

Chemische Eigenschaften Tellur wird durch Wasser nicht angegriffen, ebenso kaum durch Salz- und Schwefelsäure und in Laugen. Salpetersäure löst es dagegen oxidativ unter Bildung von Tellurit auf. Geschmolzenes Tellur seinerseits greift Kupfer, Stahl und auch Edelstahl an.

An Luft verbrennt es in mit blaugrüner Flamme zu Tellurdioxid (TeO_2). Mit Halogenen reagiert es heftig zu Halogeniden; diese sind stabiler als die des Schwefels und Selens. So gibt es auch thermodynamisch stabile Iodide, darunter Telluriodid, TeI. Zink und andere unedle Metalle reagieren mit pulverförmigem Tellur bei Erhitzen heftig zu den jeweiligen Telluriden.

Verbindungen Die häufigsten Oxidationsstufen des Tellurs sind -2 (Tellurid) und $+4$ (in den Tetrahalogeniden, in Tellurdioxid und Telluriten).

Tellurwasserstoff (H_2Te) ist ein farbloses, sehr giftiges und instabiles Gas vom Kondensationspunkt -1°C, das z. B. durch Umsetzung von Telluriden mit Salzsäure entsteht. Seine Lösung in Wasser reagiert sauer; die Säurestärke entspricht ungefähr derjenigen der Phosphorsäure. Luft oxidiert H_2Te sofort zu Tellur.

Tellur-IV-oxid (TeO_2) ist ein farbloser, kristalliner Feststoff, der bei der Verbrennung von Tellur an der Luft gebildet wird. Er ist das Anhydrid der schwach amphoteren Tellurigen Säure (H_2TeO_3). Tellur-VI-oxid (TeO_3) ist ein gelber, kristalliner Feststoff, der beim Erhitzen der Orthotellursäure (H_6TeO_6) entsteht. Tellur-II-oxid (TeO) wird als instabiler, schwarzer, amorpher Feststoff charakterisiert, der an feuchter Luft zum stabileren Tellurdioxid oxidiert wird.

Tellurhalogenide Die kristallinen Tetrahalogenide (TeX_4) sind für alle Halogene bekannt. Dihalogenide (TeX_2) sind als nur in der Gasphase existierende Verbindungen für Chlor, Brom und Iod beschrieben. Als Monohalogenid ist nur das dunkle, kristalline Telluriodid (TeI) charakterisiert. Tellurhexafluorid (TeF_6) ein farbloses, bei einer Temperatur von -39°C direkt kristallisierendes Gas von abstoßendem Geruch, wird als einziges der Chalkogenhexafluoride durch Wasser zersetzt.

Die Halogenokomplexe des Tellur-IV ($[TeX_6]^{2-}$ mit $X = F^-$, Cl^-, Br^-, I^-) haben mit Ausnahme des Hexafluorotellurits oktaedrische Struktur und können aus wässriger Lösung gefällt werden [z. B. gelbes Ammoniumhexachloridotellurit $(NH_4)_2[TeCl_6]$, rotbraunes Ammoniumhexabromidotellurit $(NH_4)_2[TeBr_6]$ oder schwarzes Cäsiumhexaiodidotellurit $Cs_2[TeI_6]$)].

Tellurorganische Verbindungen Diese sind sehr instabil. Bekannt sind reine Tellurorganyle der Form R_2Te, R_2Te_2, R_4Te und R_6Te (R jeweils Alkyl-, Aryl-) [29]. Außerdem kennt man noch Diorganotellurdihalogenide R_2TeX_2 (R = Alkyl-, Aryl-; X = F, Cl, Br, I) und Triorganotellurhalogenide R_3TeX (R = Alkyl-, Aryl-; X = F, Cl, Br, I).

Tellurpolykationen Vorsichtige Oxidation von Tellur liefert ring- oder kettenförmig strukturierte Tellurpolykationen (Te_n^{x+}), die mit Gegenkationen zu kristallinen Verbindungen kombiniert werden können (Beck 1997). Geeignete Oxidationsmittel sind die Halogenide der Nebengruppenmetalle bei erhöhter Temperatur:

$$8Te + 2\,UBr_5 \rightarrow Te_8(U_2Br_{10})$$

(Bildung von Te_8^{2+} mit ringförmiger Molekülstructur)

Meist lässt sich die Kristallisation auch nur in wasserfreien Lösungsmitteln wie Zinn-IV-chlorid oder Siliciumtetrabromid auslösen. Gelegentlich kann man auch die jeweiligen Tellurtetrahalogenide als Oxidationsmittel einsetzen:

$$13Te + TeCl_4 + 4BeCl_2 \rightarrow Te_7(BeCl_6)$$

(Bildung von Te_7^{2+} ringförmiges Molekül)

Man konnte bisher schon eine große Zahl von Tellur-Polykationen darstellen; auch gemischte Selen-Tellur-Polykationen sind bekannt.

Eine ähnliche Reaktion dient auch zum Nachweis elementaren Tellurs. Dieses bildet nach Auflösen in heißer konzentrierter Schwefelsäure rote Te_4^{2+}-Kationen:

$$4Te + 3H_2SO_4 \rightarrow Te_4^{2+} + 2H_2O + SO_2 + 2HSO_4^-$$

Anwendungen Tellur ist teuer herzustellen und wird daher meist durch andere Elemente bzw. Verbindungen ersetzt, wo dies möglich ist. Man verwendet es z. B. als Zusatz (< 1 %) für Stahl, Gusseisen, Kupfer- und Blei-Legierungen sowie in rostfreien Edelstählen, weil so Korrosionsbeständigkeit und mechanische Bearbeitbarkeit verbessert werden. In seiner Funktion als Halbleiter findet es lediglich in Cadmiumtellurid Verwendung, das man in Fotodioden und Solarmodulen einbaut.

Wismuttellurid (Bi_2Te_3) setzt man z. B. in Radionuklidbatterien zur Stromerzeugung oder in Peltier-Elementen zur Kühlung ein. Bestandteile optischer Speicherplatten (CD-RW, DVD, Phase Change Random Access Memory) sind unter anderem auch Kombinationen aus Germanium- und Antimontelluriden. Gläser aus Tellurdioxid besitzen einen besonders hohen Brechungsindex und werden anstelle von Quarz (SiO_2) in Lichtwellenleitern eingesetzt.

Kleine Mengen Tellur verwendet man zur Vulkanisierung von Gummi, in Sprengkapseln und zum Färben von Glas und Keramik. Selten, weil teuer, ist der Einsatz von Verbindungen des Tellurs zur Erzeugung einer grasgrünen Farbe bei Feuerwerken.

Biologische Bedeutung und Toxizität Tellur ist giftig und wird daher meist mit dem Gefahrensymbol „T" gekennzeichnet. Tellur ist aber sehr schlecht in Wasser und körpereigenen Säuren löslich, weswegen das Institut für Arbeitsschutz der Deutschen Gesetzlichen Unfallversicherung Tellur auf gesundheitsschädlich (Xn) herabstufte. Viele Hersteller verwenden jedoch nach wie vor das alte Gefahrensymbol „T" in Verbindung mit dem R-Satz 25 („Giftig beim Verschlucken").

Tellur besitzt nicht die Giftigkeit des Selens. Wird Tellur vom menschlichen Körper aufgenommen, wird dort durch Reduktion Dimethyltellurid (Me_2Te) gebildet, das für Blut, Leber, Herz und Nieren giftig ist und sehr stark nach Knoblauch riecht. Tellurpulver wird neben den Symbolen Xn bzw. T zusätzlich mit den R-Sätzen 36/37/38 sowie S-Sätzen 26 und 37 gekennzeichnet. Die Maximale Arbeitsplatz-Konzentration (MAK) ist auf den sehr geringen Wert von 0,1 mg/m³ festgelegt worden.

5.5 Polonium

Symbol:	Po		
Ordnungszahl:	84		
CAS-Nr.:	7440-08-6		
Aussehen:	Silbrig glänzend		
Entdecker, Jahr	Curie, Marie (Polen) und Curie, Pierre (Frankreich), 1898		
	Marckwald (Deutschland), 1902		
Wichtige Isotope [natürliches Vorkommen (%)]	Halbwertszeit	Zerfallsart, -produkt	
$^{208}_{84}$Po (synthetisch)	2,898 a	$\alpha > ^{204}_{82}Pb$, $\varepsilon > ^{208}_{83}Bi$	
$^{209}_{84}$Po (synthetisch)	103 a	$\alpha > ^{205}_{82}Pb$, $\varepsilon > ^{209}_{83}Bi$	

$^{210}_{84}$Po (99,998)	138,376 d	$\alpha > ^{206}_{82}$Pb
$^{211}_{84}$Po ($5*10^{-10}$)	0,516 s	$\alpha > ^{207}_{82}$Pb
$^{212}_{84}$Po ($2*10^{-12}$)	304 ns	$\alpha > ^{208}_{82}$Pb
Massenanteil in der Erdhülle (ppm):		$2,1*10^{-11}$
Atommasse (u):		209,98
Elektronegativität (Pauling ♦ Allred&Rochow ♦ Mulliken)		2,0 ♦ K. A. ♦ K. A.
Normalpotential für: $Po^{2+}+2\ e^- > Po$ (V)		0,37
Atomradius (pm):		190
Van der Waals-Radius (berechnet, pm):		197
Kovalenter Radius (pm):		140
Ionenradius (Po^{6+}, pm)		67
Elektronenkonfiguration:		[Xe] $4f^{14}\ 5d^{10}\ 6s^2\ 6p^4$
Ionisierungsenergie (kJ/mol), erste:		812
Magnetische Volumensuszeptibilität:		Keine Angabe
Magnetismus:		Diamagnetisch
Kristallsystem:		Kubisch (α-Po), >309 K rhomboedrisch (β-Po)
Elektrische Leitfähigkeit([A/(V*m)], bei 300 K):		$2,5*10^6$
Elastizitäts- ♦ Kompressions- ♦ Schermodul (GPa):		26 ♦ 26,3 ♦ k. A. (α-Po)
Vickers-Härte ♦ Brinell-Härte (MPa):		Keine Angabe
Schallgeschwindigkeit (m/s, bei 293,15 K):		Keine Angabe
Dichte (g/cm^3, bei 273,15 K)		9,20
Molares Volumen (m^3/mol, im festen Zustand):		$22,97 \cdot 10^{-6}$
Wärmeleitfähigkeit ([W/(m*K)]):		20
Spezifische Wärme ([J/(mol*K)]):		26,4
Schmelzpunkt (°C ♦ K):		254 ♦ 527
Schmelzwärme (kJ/mol):		13
Siedepunkt (°C ♦ K):		962 ♦ 1235
Verdampfungswärme (kJ/mol):		102,9

Vorkommen P. und M. Curie arbeiteten 1898 mit Pechblende (U_3O_8) und führten die starke radioaktive Strahlung einiger Fraktionen dieses Rohproduktes auf die Existenz eines bis dahin unbekannten Elements zurück (Neufeldt 2012), das sie, ohne es zuvor entdeckt oder isoliert zu haben, Polonium nannten. Vier Jahre später gelang W. Marckwald die erstmalige Darstellung kleinster Mengen des Elements (Marckwald 1907). Die in 1000 t Uranpechblende enthaltene Menge an Polonium schätzt man auf 0,07 bis 30 mg (Holleman et al. 2007, S. 617).

Gewinnung Isotope des Poloniums entstehen als Zwischenprodukte der Thorium- und Uranzerfallsreihen. Bei letztgenannter fällt das Isotop $^{210}_{84}$Po an, so dass es aus Pechblende gewonnen werden kann. Bei der Aufarbeitung reichert es sich zunächst zusammen mit Wismut an, von dem es durch fraktionierte Fällung der Sulfide (PoS ist schwerer wasserlöslich als Bi_2S_3) getrennt werden kann.

Da diese Art der Gewinnung jedoch unwirtschaftlich ist, stellt man Polonium heute durch Beschuss von Wismutatomen mit Neutronen her:

$$^{209}_{83}\text{Bi} + ^{1}_{0}\text{n} \rightarrow ^{210}_{83}\text{Bi} \rightarrow_{(5,01d)} ^{210}_{84}\text{Po} + \beta^-$$

Beide Metalle können durch Destillation separiert werden (Siedepunkt von Polonium: 962 °C; Siedepunkt von Wismut: 1564 °C) (U. S. Department of Energy 2015). Alternativ extrahiert man das Polonium aus geschmolzenem Wismut unter Luftausschluss und bei Temperaturen von 400 °C mit Hilfe geschmolzenen Natriumhydroxids (Siemens Jr. et al. 1977). Die Jahresproduktion beträgt ca. 100 g (Royal Chemical Society 2006).

Eigenschaften Polonium ist ein silberweiß glänzendes Metall, das als einziges Metall kubisch-primitiv kristallisiert. Die chemischen Eigenschaften sind in mancher Hinsicht sehr ähnlich zu denen seiner linken Nachbarn im Periodensystem, Wismut, Blei und Thallium. Bezüglich seines Redoxpotentials für die Reaktion $M^{2+} + 2\ e^- > M$ ist es etwa mit Kupfer vergleichbar; bezüglich höherer Oxidationsstufen stehen seine jeweiligen Redoxpotentiale sogar in der Nähe derjenigen von Edelmetallen.

Polonium löst sich, begünstigt durch Luftzutritt, in starken Mineralsäuren unter Bildung des rosaroten Po^{2+}-Kations, das aber in wässriger Lösung langsam in das gelbe Po^{4+}-Ion übergeht. Die starke von Polonium ausgesandte α-Strahlung reagiert mit Wassermolekülen unter Bildung oxidierender Verbindungen bzw. Radikale, die für die Entstehung der Po^{4+}-Ionen verantwortlich sind (Holleman et al. 2007, S. 620).

Alle Isotope des Poloniums sind radioaktiv und sehr kurzlebig; die Spanne der Halbwertszeiten reicht von 300 ns (!) für $^{212}_{84}$Po bis zu 103 a für das künstlich erzeugte $^{209}_{84}$Po. Das häufigste natürlich vorkommende Isotop $^{210}_{84}$Po hat eine Halbwertszeit von nur 138 d und geht beim α-Zerfall in $^{206}_{82}$Pb über. Daher erzeugt man industriell genutztes Polonium direkt in Kernkraftwerken.

Verbindungen Poloniumwasserstoff [H_2Po, eigentlich: Poloniumhydrid (!)] ist eine äußerst zersetzliche, extrem giftige, als erste Chalkogen-Wasserstoff-Verbindung nach Wasser bei Raumtemperatur wieder flüssige (!) Verbindung, die bei 36 °C siedet und nur unter Luftausschluss gehandhabt werden kann.

Poloniumdioxid (PoO_2) ist, wie andere Metalloxide auch, eine ionische Verbindung, die in Form einer gelben und einer roten Modifikation auftritt. Poloniumdioxid wird beim Aufbewahren des Metalls an der Luft oder schneller durch Reaktion von Polonium mit Sauerstoff bei 250 °C hergestellt. Die Tatsache, dass Polonium trotz seines Halbedelmetall-Charakters an der Luft oxidiert wird, liegt an seiner starken Radioaktivität. Diese bewirkt eine Ionisierung der Umgebungsluft, wobei auch Ozon gebildet wird. Jenes oxidiert Polonium an seiner Oberfläche langsam zu Poloniumdioxid.

Poloniumsulfid (PoS) erhält man durch Fällung von in Säure gelöstem Polonium mit Schwefelwasserstoff; es ist ein schwarzer, schwer wasserlöslicher Feststoff.

Poloniumhalogenide der Summenformeln PoX_2, PoX_4 und PoX_6 sind bekannt, so z. B. die:

a. Dihalogenide (PoX_2): Poloniumdichlorid (rubinrot), Poloniumdibromid (purpurbraun), sowie das Poloniumdifluorid
b. Tetrahalogenide: Poloniumtetrafluorid, Poloniumtetrachlorid ($PoCl_4$, hellgelb), Poloniumtetrabromid ($PoBr_4$, rot) und Poloniumtetraiodid (PoI_4, schwarz).
c. Hexahalogenide: Die Synthese von Poloniumhexafluorid (PoF_6) wurde 1945 aus den Elementen versucht, führte aber zu keinen eindeutigen Ergebnissen. Der Siedepunkt der – wahrscheinlich – bei Raumtemperatur gasförmigen Verbindung wurde auf -40 °C geschätzt (Rollinson 1945).

Anwendungen: Polonium ist Bestandteil transportabler Neutronenquellen. Einige industriell genutzte Ionisatoren enthalten $^{210}_{84}Po$, z. B. in Anlagen, die zum Aufrollen von Papier, Textilien ect. dienen, oder aber zum Aufheben elektrostatischer Ladungen auf optischen Linsen.

Ein g $^{210}_{84}Po$ entwickelt 140 Watt Wärme, die ausreicht, festes Polonium zum Schmelzen zu bringen (Petrjanow-Sokolow 1977). Früher setzte man Polonium in kurzlebigen Radionuklidbatterien ein. Die amerikanischen, auf Hiroshima und Nagasaki abgeworfenen Atombomben enthielten aus Polonium und Beryllium bestehende Starter für die Kernspaltungsreaktion.

Biologische Bedeutung und Toxizität: Polonium entsteht durch α-Zerfall von Radonkernen, die ihrerseits durch Abbau höherer radioaktiver Nuklide (Radium, Uran) im Erdreich gebildet werden. So können selbst die großvolumigen Radonatome durch Risse im Fundament oder durch Leitungen in Häuser eindringen, wo sich das Gas wegen seiner sehr hohen Dichte immer am Boden konzentriert. Einatmen von auch nur spurenweise in der Luft enthaltenem Radon erhöht das Risiko, an Lungenkrebs zu erkranken; daher sollte man Kellerräume oft lüften. Man schätzt, dass das Einatmen von Radon nach Rauchen die zweithäufigste Ursache für die Entstehung von Lungenkarzinomen ist. Gründliche Abhilfe schafft nur ein komplettes Versiegeln des Untergrundes.

Die eigentliche Ursache für die Krebserkrankung ist aber nicht Radon, sondern die Inhalation der sich schnell aus Radon bildenden, ebenfalls kurzlebigen Isotope, die sich im Gegensatz zu Radon in der Lunge anreichern. Unter den Zerfallsprodukten befinden sich auch die Poloniumisotope $^{210}_{84}Po$, $^{212}_{84}Po$, $^{214}_{84}Po$, $^{216}_{84}Po$ und $^{218}_{84}Po$, die eine sehr starke Wirkung auf Körpergewebe entfalten, weil sie α-Teilchen aussenden.

Die tödliche (letale) Dosis des Isotops $^{210}_{84}Po$ liegt bei 1,7 ng/kg (!) Körpergewicht, weshalb es eines der stärksten Gifte überhaupt ist. Die toxische Wirkung beruht dabei fast nur auf radiologischer, nicht auf chemischer Wirkung. Auch jene wäre aber sehr stark, da sich Polonium wie seine linken Nachbarn im Periodensystem, Blei, Thallium oder Quecksilber, verhält und schwefelhaltige Enzyme/Aminosäuren unwirksam macht. Poloniumionen verteilen sich gleichmäßig im gesamten Körper und werden nur allmählich wieder ausgeschieden. Da Poloniumisotope bei ihrem Zerfall kaum γ-Strahlung erzeugen, sind diese im Körper schwer nachzuweisen.

5.6 Livermorium

Symbol:	Lv		
Ordnungszahl:	116		
CAS-Nr.:	54100-71-9		
Aussehen:	Unbekannt, wahrscheinlich metallisch		
Entdecker, Jahr	Vereinigtes Institut für Kernforschung (Russland) und Lawrence Livermore National Laboratory (USA), 2010		
	GSI Helmholtzzentrum für Schwerionenforschung (Deutschland), 2014		
Wichtige Isotope [natürliches Vorkommen (%)]	Halbwertszeit	Zerfallsart, -produkt	
$^{292}_{116}Lv$ (synthetisch)	18 ms	$\alpha > {}^{288}_{114}Fl$	
$^{293}_{116}Lv$ (synthetisch)	53 ms	$\alpha > {}^{289}_{114}Fl$	
Massenanteil in der Erdhülle (ppm):	-----		
Atommasse (u):	(293)		
Elektronegativität (Pauling ♦ Allred&Rochow ♦ Mulliken)	Keine Angabe		
Atomradius (pm):	183[a]		
Van der Waals-Radius (berechnet, pm):	Keine Angabe		
Kovalenter Radius (pm):	162–166[a]		
Elektronenkonfiguration:	[Rn] $5f^{14}\ 6d^{10}\ 7s^2\ 7p^4$		

Ionisierungsenergie (kJ/mol), erste ♦ zweite ♦ dritte:	724[a] ♦ 1332[a] ♦ 2846[a]
Magnetische Volumensuszeptibilität:	Keine Angabe
Magnetismus:	Diamagnetisch
Kristallsystem:	Keine Angabe
Schallgeschwindigkeit (m/s, bei 273,15 K):	Keine Angabe
Dichte (g/cm^3, bei 273,15 K)	12,9[a]
Molares Volumen (m^3/mol, im festen Zustand):	$22,7 \cdot 10^{-6}$[a]
Wärmeleitfähigkeit ([W/(m*K)]):	Keine Angabe
Spezifische Wärme ([J/(mol*K)]):	Keine Angabe
Schmelzpunkt (°C ♦ K):	364–507 ♦ 637–780[a]
Schmelzwärme (kJ/mol):	7,6[a]
Siedepunkt (°C ♦ K):	762–862 ♦ 1035–1135[a]
Verdampfungswärme (kJ/mol):	42[a]

[a] Geschätzte bzw. vorhergesagte Werte

Herstellung und Eigenschaften: Im Rahmen einer Zusammenarbeit russischer und amerikanischer Wissenschaftler konnte Livermorium erstmals im Juli 2000 im Vereinigten Institut für Kernforschung in Dubna (Russland) von Wissenschaftlern des Instituts und des Lawrence Livermore National Laboratory durch Fusion eines Curium- und eines Calcium-Atomkernes hergestellt werden (Oganessian et al., L. Lougheed et al. 2000).

$$\,^{248}_{96}\text{Cm} + \,^{48}_{20}\text{Ca} \rightarrow \,^{296}_{116}\text{Lv} \rightarrow \,^{293}_{116}\text{Lv} + 3\,^{1}_{0}\text{n} \rightarrow \,^{4}_{2}\text{He}(\alpha) + \,^{289}_{114}\text{Fl}$$

Die Entdeckung wurde im Juni 2011 von der IUPAC bestätigt, womit dieses Element offiziell Eingang in das Periodensystem der Elemente findet (Barber 2011; IUPAC 2012).

Die stabilste Oxidationszahl des Elements sollte $+2$ sein, ähnlich wie es für Erdalkalimetalle der Fall ist. Nur stark elektronegative Elemente wie Fluor oder auch Sauerstoff sollten in der Lage sein, Livermorium in das Lv^{4+}-Kation zu überführen (Haire 2006), und die Oxidationszahl $+6$ sollte gar nicht mehr erreicht werden können. Ebenfalls ist voraussagbar, dass die Oxidationszahl -2 („Livermorid") sehr instabil sein wird; das Element sollte sich also fast durchgehend wie ein typisches Metall unter Bildung von Lv^{2+}-Kationen verhalten (Fricke 1975; Thayer 2010).

Da der obengenannte Herstellprozess durch Beschießen eines Curium-Ziels mit schweren Calciumatomen immer noch der einzige Weg zur Herstellung des Elements ist, beruhen die in diesem Kapitel gemachten Aussagen auf gemessenen und vorhergesagten Eigenschaften weniger Atome, die bisher erzeugt werden konnten. Wegen der sehr kurzen Halbwertszeiten dürfte es auch in Zukunft sehr schwierig sein, mehr über Livermorium zu erfahren.

Literaturverzeichnis/Zum Weiterlesen

P. Adolphi, B. Ullrich, Fixierung und Reaktionsfähigkeit von Schwefel in Braunkohle, Proc. XXXII. Kraftwerkstechnisches Kolloquium, Nutzung schwieriger Brennstoffe in Kraftwerken, S. 109–116 (2000)

C. Allègre et al., Chemical composition of the Earth and the volatility control on planetary genetics. Earth Planet. Sci. Lett. **185**(1–2), 49–69 (2001)

F.J. Andrews, J.P. Nolan, Critical care in the emergency department: monitoring the critically ill patient. Emerg. Med. J. **23**, 561–564 (2006) (PMID 16794104)

C. Ardenis et al., Reinvestigation of the structure of Tellurium. Acta Crystallographica **C 45**, 941–942 (1989)

J.R. Arthur et al., *Selenium deficiency, thyroid hormone metabolism, and thyroid hormone deiodinases. Am. J. Clin. Nutr.* **57**, 236–239 (1993)

Arzneibuch-Kommentar, Wissenschaftliche Erläuterungen zum Europäischen Arzneibuch und zum Deutschen Arzneibuch, Monographie: *Schwefel zum äußerlichen Gebrauch* (Wissenschaftliche Verlagsgesellschaft, Stuttgart, 2004). ISBN 978-3-8047-2575-1

R.C. Barber et al., Discovery of the elements with atomic numbers greater than or equal to 113 (IUPAC Technical Report). Pure Appl. Chem. **83**(7), 1485–1498 (2011)

J. Beck, Rings, cages and chains – the rich structural chemistry of the polycations of the chalcogens. Coord. Chem. Rev. **163**, 55–70 (1997)

D. Behne et al., *Identification of type I iodothyronine 5′-deiodinase as a selenoenzyme.* Biochem. Biophys. Res. Comm. **173**, 1143–1149 (1990)

BioMed Central, Selenium protects men against diabetes, Study Suggests, Science Daily, Rockville, MD, USA, 18 März 2010

J. Bleys et al., Serum *selenium and diabetes in US adults.* Diabetes Care **30**(4), 829–834 (2007)

A.J. Bradley, The crystal structure of tellurium. Philos. Mag. **6**(48), 477–496 (1924)

G. Brauer (Hrsg.), *Handbook of Preparative Inorganic Chemistry,* 2. Aufl., Bd. 1 (Academic Press, New York, 1963), S. 371–372

G. Brauer (Hrsg.), *Handbook of Preparative Inorganic Chemistry,* 2. Aufl., Bd. 1 (Academic Press, New York, 1963), S. 415–418

© Springer Fachmedien Wiesbaden 2015

H. Sicius, *Chalkogene: Elemente der sechsten Hauptgruppe,* essentials,
DOI 10.1007/978-3-658-10522-8

British Geological Survey: *World Mineral Production 2005–2009* (Keyworth, Nottingham, Vereinigtes Königreich, 2011), S. 95

Bundesministerium der Justiz, Gesetz über den Verkehr mit Arzneimitteln (Arzneimittelgesetz – AMG), § 50. Fassung der Bekanntmachung vom 12. Dezember 2005 (BGBl. I S. 3394), zuletzt geändert durch Artikel 30 des Gesetzes vom 26. März 2007 (BGBl. I S. 378). Zugegriffen: 12. Mai 2008

T. Chivers, *Guide to Chalcogen-Nitrogen Chemistry* (World Scientific Publishing Company, Singapore, 2004). ISBN 981-256-095-5

A.M. Davies, *Treatise on Geochemistry, Volume 1, Meteorites, Comets, and Planets* (Elsevier, Amsterdam, 2003). ISBN 0-08-044720-1

E. Demole et al., 1-p-Menthene-8-thiol: a powerful flavor impact constituent of grapefruit juice (Citrus parodisi MACFAYDEN). Helv. Chem. Acta **65**, 1785–1794 (1982)

Deutsche Gesellschaft für Pneumologie, Empfehlungen zur Sauerstoff-Langzeit-Therapie bei schwerer chronischer Hypoxämie. Pneumologie **74**, 2–4 (1993)

H. Effenberger et al., Carlfriesite: crystal structure, revision of chemical formula, and synthesis. Am. Mineral. **63**, 847–852 (1978)

C. Ekmekcioglu, *Spurenelemente auf dem Weg ins 21. Jahrhundert – zunehmende Bedeutung von Eisen, Kupfer, Selen und Zink. J. Ernährungsmedizin* **2**(2), 18–23 (2000)

B. Fricke, Superheavy elements: a prediction of their chemical and physical properties. Recent Impact Phys. Inorg. Chem. **21**, 89–144 (1975)

GESTIS-Stoffdatenbank des IFA, Eintrag zu CAS-Nr. 5714-22-7. Zugegriffen: 3. März 2011

C.A. Gottlieb et al., Observations of interstellar sulfur monoxide. Astrophys J. **219**(1), 77–94 (1978)

N.N. Greenwood, A. Earnshaw, *Chemie der Elemente*, 1. Aufl. (VCH Verlagsgesellschaft, Weinheim, 1988), S. 775–839. ISBN 3-527-26169-9

N.N. Greenwood, A. Earnshaw, *Chemical Elements*, 2. Aufl. (Butterworth-Heinemann, Boston, 1997), S. 721–725

N.N. Greenwood, A. Earnshaw, *Chemistry of the Elements*, 2. Aufl. (Butterworth-Heinemann, New York, 1997), S. 780. ISBN 0080379419

R.G. Haire, in *Transactinides and the Future Elements,* Hrsg. von N.M. Fuger et al. The Chemistry of the Actinide and Transactinide Elements, 3. Aufl. (Springer Science & Business Media, Dordrecht, Niederlande, 2006)

K. Hasegawa, Direct measurements of absolute concentration and lifetime of singlet oxygen in the gas phase by electron paramagnetic resonance. Chem. Phys. Lett. **457**(4–6), 312–314 (2008)

W. Hillier, Australian National University, Canberra, Australien (2006)

A.F. Holleman, E. Wiberg, N. Wiberg, *Lehrbuch der Anorganischen Chemie*, 101. Aufl. (De Gruyter, Berlin, 1995), S. 578. ISBN 3-11-012641-9

A.F. Holleman, E. Wiberg, N. Wiberg, *Lehrbuch der Anorganischen Chemie*, 101. Aufl. (De Gruyter, Berlin, 1995), S. 628. ISBN 3-11-012641-9

A.F. Holleman, E. Wiberg, N. Wiberg, *Lehrbuch der Anorganischen Chemie*, 101. Aufl. (De Gruyter, Berlin, 1995), S. 564. ISBN 3-11-012641-9

A.F. Holleman, E. Wiberg, N. Wiberg, *Lehrbuch der Anorganischen Chemie*, 102. Aufl. (De Gruyter, Berlin, 2007), S. 497–540. ISBN 978-3-11-017770-1

A.F. Holleman, E. Wiberg, N. Wiberg, *Lehrbuch der Anorganischen Chemie*, 102. Aufl. (De Gruyter, Berlin, 2007), S. 549 und 552. ISBN 978-3-11-017770-1

A.F. Holleman, E. Wiberg, N. Wiberg, *Lehrbuch der Anorganischen Chemie*, 102. Aufl. (De Gruyter, Berlin, 2007), S. 617. ISBN 978-3-11-017770-1

A.F. Holleman, E. Wiberg, N. Wiberg, *Lehrbuch der Anorganischen Chemie*, 102. Aufl. (De Gruyter, Berlin, 2007), S. 620. ISBN 978-3-11-017770-1

J.E. House, *Inorganic Chemistry* (Academic Press, Oxford, 2008), S. 524. ISBN 0-12-356786-6

S. Iscoe, J.A. Fisher, Hyperoxia-induced hypocapnia: an underappreciated risk. Chest **128**(1), 430–433 (2005) (PMID 16002967)

IUPAC, Element 114 is Named Flerovium and Element 116 is Named Livermorium (IUPAC, Research Triangle Park, NC, USA), iupac.org, 30. Mai 2012

M.H. Klaproth, Chemische Untersuchung der Siebenbürgischen Golderze, Sammlung der deutschen Abhandlungen, welche in der Königlichen Akademie der Wissenschaften zu Berlin vorgelesen worden in den Jahren 1789–1800, S. 15 (1803)

W. Küster et al., Korrosionsreaktionen von elementarem Schwefel mit unlegiertem Stahl in wässrigen Medien. Mater. Corros./Werkstoffe und Korrosion **35**, 556–565 (1984)

B.E. Langner, *Selenium and Selenium Compounds, Ullmann's Encyclopedia of Industrial Chemistry* (Wiley-VCH, Weinheim, 2005)

H.P. Latscha, H.A. Klein, *Anorganische Chemie: Chemie-Basiswissen I*, Bd. 1, (Springer Verlag, Berlin, 1978), S. 374. ISBN 978-3-540-42938-8

P. Lechtken, *Singulett-Sauerstoff. Chemie in unserer Zeit* **8**(1), 11–16 (1974)

V. Lenher, Action of selenic acid on gold. J. Am. Chem. Soc. **24**(4), 354–355 (1902)

P.M. Macey et al., Hyperoxic brain effects are normalized by addition of CO_2. Pub. Libr. Sci. Med. **4**(5), 173 (2007)

W. Marckwald, 3 mg Poloniumsalz aus 5.000 kg Uranerz, Die 14. Hauptversammlung der Bunsengesellschaft. Polytechnisches J. **322**(1), 364 (1907)

Metallium, Inc., Watertown, MA, USA, 2015, www.elementsales.com (Foto: „*Sulfur*")

Metallium, Inc., Watertown, MA, USA, 2015, www.elementsales.com (Foto: „*Selenium*")

Metallium, Inc., Watertown, MA, USA, 2015, www.elementsales.com (Foto: „*Tellurium*")

N.F. Mott, Conduction in non-crystalline materials: III. Localized states in a pseudogap and near extremities of conduction and valence bands. Philos. Mag. **19**, 835 (1969)

S. Neufeldt, Chronologie Chemie (Wiley, New York, 2012), S. 115. ISBN 352766284-7

Yu.T. Oganessian et al., Observation of the decay of Lv{292}116. Phys. Rev. **C 63**, 011301 (2000)

G. Ohloff, *Riechstoffe und Geruchssinn – Die molekulare Welt der Düfte* (Springer Verlag, Berlin, 1990). ISBN 978-3-540-52560-8

G. Ohloff, *Riechstoffe und Geruchssinn – Die molekulare Welt der Düfte* (Springer Verlag, Berlin, 1990), S. 13. ISBN 978-3-540-52560-8

L. Pauling, *Die Natur der chemischen Bindung* (Verlag Chemie, Weinheim, 1973), S. 286. ISBN 3-527-25217-7

Petrjanow-Sokolow, *Bausteine der Erde*, Bd. 4 (Verlag Mir, Moskau und Urania Verlag, Leipzig, 1977), S. 15

Pharmacopoea Europaea (Europäisches Arzneibuch), 6. Ausgabe, Grundwerk 2008

H. Rheinboldt, in *Houben-Weyl Methoden der Organischen Chemie*, Hrsg. von E. Müller, O. Bayer, H. Meerwein, K. Ziegler. *Schwefel-, Selen und Tellur-Verbindungen*, Bd. 9 (Thieme Verlag, Stuttgart, 1955), S. 952–969

E. Riedel, C. Janiak, *Anorganische Chemie*, 8. Aufl. (De Gruyter, Berlin, 2011), S. 458. ISBN 3-11-022566-2

C.L. Rollinson, Company summary of work to date on volatile neutron source, unit 3: abstracts of progress reports (Monsanto Chemical, Dayton, OH, USA, 16.–31. August 1945)

Royal Chemical Society, *Q&A: Polonium 210* (27. November 2006)

R.M. Russell, in Vitamine und Spurenelemente – Mangel und Überschuss, Hrsg. von N. Suttorp et al. Harrisons Innere Medizin (ABW Wissenschaftsverlag, Berlin, 2003). ISBN 3-936072-10-8

M. Schmidt, Schwefel – was ist das eigentlich? Chemie in unserer Zeit 7(1), 11–18 (1973)

U. Schweizer et al., *Selenium and brain function: a poorly recognized liaison. Brain Res. Rev.* **45**(3), 164–178 (2004)

K. Seppelt, Sulfur/carbon double and triple bonds. Pure Appl. Chem. **59**(8), 1057–1062 (1987)

K. Seppelt et al., Selenoyl difluoride. Inorg. Synth. **20**, 36–38 (1980)

N.V. Shinkarenko, V.B. Aleskovskiji, Singlet oxygen: methods of preparation and detection. Russ. Chem. Rev. **50**, 320–321 (1981)

H. Sicius, eigene Mitteilung (2015) (Foto: „Schwefel")

H. Sicius, eigene Mitteilung (2015) (Foto: „Selen")

H. Sicius, eigene Mitteilung (2015) (Foto „Tellur")

D.H. Siemens Jr. et al., Apparatus for extraction of polonium – 210 from irradiated bismuth using molten caustic (Minnesota Mining and Manufacturing Company, Saint Paul, MN, USA), freepatentsonline.com, US 05/553241, 19. April 1977

J. Silvari et al., A simple, efficient synthesis of tetraselenium tetranitride. Inorg. Chem. **32**(8), 1519 (1933)

M.W. Sinclair et al., Detection of interstellar thioformaldehyde. Aust. J. Phys. **26**, 85 (1973)

G.B. Smith et al., Selenium-IV-Oxychloride. Inorg. Synth. **3**, 130–137 (1950)

S. Stranges et al., *Effects of long-term selenium supplementation on the incidence of type 2 diabetes: a randomized trial.* Ann. Intern. Med. **147**(4), 217 (2007)

T.F. Tadros, *Applied Surfactants: Principles and Applications* (Wiley-VCH Verlag GmbH, 2005). ISBN 3-527-30629-3

J.S. Thayer, Relativistic effects and the chemistry of the heavier main group elements. Chall. Advanc. Comput. Chem. Phys. **10**, 83 (2010)

Universität Düsseldorf, uni-duesseldorf.de, Inhaltsstoffe Paranuss. Zugegriffen: 29. Mai 2013

U.S. Department of Energy, *SciTech Connect*, osti.gov. Zugegriffen: 5. Mai 2015

F.J. Von Müller Reichenstein, Schreiben an Herrn Hofrath von Born. Über den vermeintlichen natürlichen Spiesglanzkönig. Physikalische Arbeiten der einträchtigen Freunde in Wien **1. Quartal**, 57–59 (1783)

F.J. Von Müller Reichenstein, Versuche mit dem in der Grube Mariahilf in dem Gebirge Fazeby bey Zalathna vorkommenden vermeinten gediegenen Spiesglanzkönig. Physikalische Arbeiten der einträchtigen Freunde in Wien **1. Quartal**, 63–69 (1783)

A.R. Wellburn, U. Gramm (Übers.), D. Mennecke-Bühler (Übers.) *Luftverschmutzung und Klimaänderung: Auswirkungen auf Flora, Fauna und Mensch* (Springer-Verlag, Heidelberg, 1997), S. 31, 104. ISBN 978-3-540-61831-7

E. Wiberg, N. Wiberg, A.F. Holleman, *Inorganic Chemistry* (Academic Press, San Diego, 2001), S. 583. ISBN 0-12-352651-5

S.A. Williams, R.V. Gaines, Carlfriesite, $H_4Ca(TeO_3)_3$, a new mineral from Moctezuma, Sonora, Mexico. Mineral. Mag. **40**, 127–130 (1975)

www.pse-mendelejew (2006) (Foto "Sauerstoff in Gasentladungsröhre")

Z. Xu, F. Devillanova, *Handbook of Chalcogen Chemistry: New Perspectives in Sulfur, Selenium and Tellurium* (Royal Society of Chemistry, Cambridge, 2007), S. 460. ISBN 0-85404-366-7